直接乙醇燃料电池
催化剂材料及电催化性能

郭瑞华 著

北 京
冶 金 工 业 出 版 社
2019

内 容 提 要

全书共分8章。第1章介绍了燃料电池的发展、电化学原理、分类以及应用，第2章介绍了直接乙醇燃料电池的特点、工作原理以及催化剂的研究现状，第3~8章系统介绍了直接乙醇燃料电池用新型催化剂材料的制备及电化学性能。

本书可供从事直接醇类燃料电池研究与开发的科技人员阅读，也可供从事能源开发的工程技术人员参考。

图书在版编目(CIP)数据

直接乙醇燃料电池催化剂材料及电催化性能/郭瑞华著. ——
北京：冶金工业出版社，2019.5
ISBN 978-7-5024-8231-2

Ⅰ.①直… Ⅱ.①郭… Ⅲ.①乙醇—燃料电池—催化剂—
材料制备—研究 Ⅳ.①TM911.4

中国版本图书馆 CIP 数据核字（2019）第 176451 号

出 版 人 谭学余
地 址 北京市东城区嵩祝院北巷 39 号 邮编 100009 电话 (010)64027926
网 址 www.cnmip.com.cn 电子信箱 yjcbs@cnmip.com.cn
责任编辑 张熙莹 王 双 美术编辑 郑小利 版式设计 禹 蕊
责任校对 郑 娟 责任印制 牛晓波
ISBN 978-7-5024-8231-2
冶金工业出版社出版发行；各地新华书店经销；三河市双峰印刷装订有限公司印刷
2019 年 5 月第 1 版，2019 年 5 月第 1 次印刷
169mm×239mm；9.5 印张；185 千字；140 页
49.00 元

冶金工业出版社 投稿电话 (010)64027932 投稿信箱 tougao@cnmip.com.cn
冶金工业出版社营销中心 电话 (010)64044283 传真 (010)64027893
冶金工业出版社天猫旗舰店 yjgycbs.tmall.com
（本书如有印装质量问题，本社营销中心负责退换）

序

随着环境和能源问题的日益突出，开发清洁、高效的新能源成为全世界的研究热点。燃料电池作为高效、洁净的新能源，是继水力、火力、核能后的第四代发电技术，必将肩负起能源创新与突破的重大责任。直接乙醇燃料电池（DEFC）是以乙醇为燃料的一种燃料电池，由于其燃料来源丰富、价格低廉、能量密度高、乙醇水溶液贮存、运输安全方便等优点成为研究热点。但是，直接乙醇燃料电池商业化应用仍然存在一系列问题，本书对直接乙醇燃料电池催化剂的组分、结构及电催化性能进行了系统研究，明确了提高催化剂电催化性能的有效途径，可为直接乙醇燃料电池催化剂的商业化应用奠定理论基础。

郭瑞华副教授长期以来一直从事材料领域的教学与科研工作，致力于新能源燃料电池电极材料的制备及其电化学性能控制方面的研究。她结合自己近年来的科学研究与实践，撰写了多篇关于燃料电池新型电极材料制备、纳米稀土氧化物在电极材料中的应用以及燃料电池高效催化剂材料的研究开发等方面的学术论文，在国内外专业刊物上发表，在此基础上进行系统总结，逐步完善，编写了本书。全书内容全面、层次分明、条理清楚、行文衔接紧密。该书针对目前直接乙醇燃料电池催化剂以贵金属为主，在乙醇的电催化氧化反应过程中易被毒化失活，乙醇催化氧化动力学过程缓慢，且对乙醇的电催化氧化的机理不清晰等问题展开了研究工作，采用微波辅助乙二醇的还原法制备了一系列催化剂，详细研究了催化剂的合成条件、氧化物添加剂、合金组分、载体掺杂、表面缺陷等因素对催化剂抗中毒能力和电催化性能的影响。最终确定了最佳的制备工艺条件，明确了通过添加一定量具有高比表面积的氧化铈，可有效增加催化剂的活性位点。同时，通过调节铂、镍摩尔比，可有效控制纳米催化剂组成和电催化活性。通过氧化物与第二种金属共添加制备了多元催化剂，其多元催化剂不仅降低了贵金属铂的使用量，同时，极大地提高了催化剂的催化性能。研究表明氮掺杂石墨烯表面所沉积的铂纳米颗粒的分散性更好，平均粒径更小，催化剂的电化学活性表面积更大、电化学催化活性及稳定性更好。经酸处理后的催化剂含有高密度的表面缺陷，其催化剂颗粒团聚现象较少，粒度分布也更加均匀，催化性能更优，并且明确了作用机理。在本书中，郭瑞华副教授针对直接乙醇燃料电池催化剂的电化学性能要求，有针对性地开展了研究工作，提出了一些新的观点和方法，明确了提高催化剂性能的有效途径，完善了催化剂制备理论，对开发高性能直接乙醇燃料电池电极有一定的指导意义。

　　相信本书的出版，对从事直接乙醇燃料电池电极材料研究开发和制备领域的科研人员以及相关专业的学生具有一定的参考价值。

内蒙古科技大学教授　安胜利

2019 年 5 月于包头

前　言

<<<<<<<<<<<<<<<<<<<<<<<<<<<<<<<<<<<<<<<<<<<<<<<<<<<<<<<<<<

　　随着社会和经济的飞速发展以及化石燃料日渐枯竭和环境污染等问题日益突出，高效、清洁的绿色新能源成为当前科学与技术研究的热点之一。燃料电池是一种将燃料和氧化剂的化学能通过电极反应直接转换成电能的装置，其在解决资源有效利用和环境污染治理这两大影响国民经济可持续发展的重大问题方面具有重要价值，因此，燃料电池的开发研究备受关注。其中以氢气作为燃料的质子交换膜燃料电池（PEMFC），具有环境友好、室温快速启动、能量转化效率高、无电解液流失、寿命长、比功率与比能量高等突出特点，从而成为发展最快的燃料电池。然而，现阶段氢气来源、储存以及运输等方面存在着较大的瓶颈，限制了质子交换膜燃料电池的实际应用，尤其是在可移动电源领域。直接醇类燃料电池（DAFC）则是以醇类的水溶液作为燃料的一种低温质子交换膜燃料电池，无须外重整和氢气净化装置，由于醇类燃料便于储存和运输，因此，醇类燃料替代氢燃料有望成为新型燃料电池而倍受研究者的关注。

　　目前，乙醇作为燃料的电池引起了广泛的关注，这是因为乙醇是最简单的链醇分子，而且对人体的毒害作用小，理论能量密度高，较低的渗透率，同时，乙醇的来源非常广泛，因此，直接乙醇燃料电池（DEFC）不仅有理论意义上的研究价值，而且有非常大的实际应用潜力。但是，现在用乙醇作为燃料最主要的问题是催化剂主要依靠贵金属，导致催化剂成本高，在电催化氧化反应过程中催化剂易被毒化失效，乙醇催化氧化动力学过程缓慢，这严重制约着直接乙醇燃料电池的发展。研究开发低贵金属、高效、抗毒性强的催化剂，明确其电催化氧化机理是直接乙醇燃料电池亟待解决的技术难题。因此，作者针对这些难点展开了详细的研究工作，其研究成果是在国家自然科学基金地区基金项目"直接乙醇燃料电池用低铂三元催化剂制备及催化机理（51864040）"和内蒙古自治区自然科学基金项目"基于直接乙醇燃料电池研究 CeO_2、Ni 对传统 Pt 基催化剂的作用机理（2018LH02006）"资助下完成的，此研究成果为直接乙醇燃料电池高效催化剂的研究开发奠定了坚实的基础。

　　本书是作者汇总了多年研究燃料电池电极材料的制备及电化学性能的研究成果，并参考了大量国内外最新相关研究与信息的基础上撰写而成的。本书内容适合从事直接醇类燃料电池研究与开发的科技人员阅读，也可作为从事能源开发相关工程技术人员的参考资料。全书共分8章，第1章介绍了燃料电池的发展、电化学原理、分类以及应用，第2章介绍了直接乙醇燃料电池的特点、工作原理以及催化剂的研究现状，第3~8章系统介绍了直接乙醇燃料电池用新型催化剂材料的制备及电化学性能。

　　在撰写本书过程中，参考了许多相关著作和论文，在此谨向这些著作和论文的作者表示诚挚的谢意。

　　由于作者水平有限，书中不足之处，恳请读者批评指正。

作　者

2019 年 5 月于内蒙古科技大学

目　录

1　燃料电池概述

《《

1.1　燃料电池的发展

  燃料电池作为一种高效、环保的能源转换设备，在过去几十年中一直是研究的热点。它的起源可追溯到 19 世纪，1839 年 Willian Grove[1]将封有铂电极的玻璃管浸在稀硫酸中，先由电解产生氢和氧，接着连接外部负载，这样氢和氧就发生电池反应，产生电流，建造了世界上第一个燃料电池模型，而且 Grove 当时就预见到，如果氢气可以代替煤、木材或其他燃料，燃料电池就可以作为一种商业化的电源。1889 年，英国人 Mond 和 Langer[2]重复了 Grove 的实验，引入了燃料电池这一名称，并首先发现了 Pt 电极容易被燃料气体中存在的 CO 毒化。在后来的一段时间里，由于当时的科技水平和人们对于能源和环境的认识水平有限，再加上诸如经济及材料上的原因，燃料电池的研究进展很缓慢。20 世纪 30 年代末，Bacon[3]的碱性燃料电池（AFC）研究工作为燃料电池创立了名声，并在 60 年代早期第一个应用于太空计划，改进后用于阿波罗登月计划。Bacon 型燃料电池的出现引起科学家广泛注意和研究，具有里程碑的意义。20 世纪 60 年代形成了研究燃料电池的高潮。1973 年中东战争后，由于受到能源危机的影响，美国、日本等国均制定了地面用燃料电池的长期发展计划。到了 20 世纪八九十年代，燃料电池的研究得到了快速发展，美国、日本、加拿大处于世界领先地位。美国 SBI 公司 2010 发布《全球燃料电池技术市场》报告预计，全球燃料电池市场规模在 2010~2014 的四年间的年复合增长率将达 20%，出货量增幅将从 2010 年的 60%放缓至 2014 年的 30%左右。美国和日本仍是当前燃料电池市场的主要统治者。燃料电池汽车有望在 2013~2018 年前后在加氢站设施较完备的地区优先得到商业化，直接氢和甲醇仍被作为主要的运输燃料，美国加州和德国是当前燃料电池汽车的主要消费市场，这得益于政府的扶持计划，未来几年欧洲的市场份额将会增加。

  在 20 世纪 50 年代，我国就开展了燃料电池方面的研究，在燃料电池关键材料、关键技术的创新方面取得了许多的突破。政府十分注重燃料电池的研究开发，陆续开发出 30kW 级氢氧燃料电极、燃料电池电动汽车等。燃料电池技术特别是质子交换膜燃料电池技术也得到了迅速发展，相继开发出 60kW、75kW 等多种规格的质子交换膜燃料电池组；开发出电动轿车用净输出 40kW、城市客车用净输出 100kW 燃料电池发动机，使中国的燃料电池技术跨入世界先进国家行列。"七五"期间，中国科学院长春应用化学研究所于 1990 年承担了中科院PEMFC 研究任务，开始进行直接甲醇质子交换膜燃料电池的研究。电力工业部哈尔滨电站成套设备研究所于 1991 年研制出由 7 个单电池组成的 MCFC 原理性电池。"八五"期间，中科院大连化学物理所、上海硅酸盐研究所、化工冶金研究所及清华大学等国内十几个单位进行了与 SOFC 有关的研究。"九五"期间，国家科技部与中科院将燃料电池技术列入当期科技攻关计划，开始进入燃料电池研究的第二个高潮时期。在这个时期，质子交换膜燃料电池被列为重点，以大连化学物理研究所为牵头单位，在国内全面开展了质子交换膜燃料电池的电池材料与电池系统的研究，并组装了多台百瓦、1~2kW、5kW 和 25kW 电池组与电池系统。5kW 电池组包括内增湿部分其质量比功率为 100W/kg，体积比功率为300W/L。"十五"期间，我国"863"计划曾拨款 8.8 亿元用于支持混合电动车和燃料电池汽车的研发，主要承担单位包括大连化学物理研究所、同济大学、清华大学和上海神力科技公司、上海燃料电池汽车动力系统有限公司、北京世纪富源燃料电池有限公司、北京飞驰绿能技术有限公司以及大连新源动力有限公司等。与此同时，"973"计划拨款约 3000 万元用于储氢技术、质子交换膜和催化剂的研发，主要承担单位包括清华大学核能与新能源技术研究院，浙江大学、上海交通大学、香港大学等。也正是在这个时期，中国已与全球环境基金/联合国发展计划署成立了燃料电池合作项目，共同提供约 1.98 万美元的资金支持中国燃料电池项目开发。"十一五"期间，我国"863"计划、"973"计划和科技支撑计划等重大科技项目对制氢、储氢和加氢技术、燃料电池及其部件和原材料技术的研发继续给予经费支持，目前已有较大规模的商业化应用。2018 年，中科院大连物化所开发了车载 HYMOD Ⓡ-300 型车用燃料电池电堆模块，经过 5000h的持续运转，燃料电池电堆模块仍能保持较高的输出功率。"十三五"期间，我国将重点推进燃料电池汽车的研发及配套设施的完善，研究车用燃料电池低成本高耐久性催化剂，并在全国建立更多的加氢站点。推出一系列实用、稳定的燃料电池汽车，并以此为契机，充分整合利用国内外新能源技术产业，推动燃料电池上游及下游产业共同发展。

1.2　燃料电池的特点

　　燃料电池是一种不经过燃烧直接以电化学反应方式将燃料的化学能转变为电能的高效发电装置。燃料电池由于具有能量转换效率高、环境污染小、无噪音、比能量大、可靠性高、灵活性大、建设周期短等优点越来越受到人们的重视，因此燃料电池被称之为"21 世纪的清洁能源"，是继水力、火力和核能发电之后的第四类发电技术。其特点如下[4~7]：

（1）高的能量转化率。燃料电池是一种直接将化学能转化为电能的装置，它不通过热机过程，不受卡诺循环的限制，因此能量转化效率可高于 40%。它可与燃气轮机和蒸汽轮机联合循环发电，燃料总利用率高达 80% 以上。

（2）低的环境污染。目前伴随着工业的快速发展，环境污染问题也日益严重。燃料电池最突出的优点之一就是环境污染小，几乎无 NO_x 和 SO_x 的排放，CO_2 的排放也比常规火电厂减少 40% 以上。

（3）低的噪声污染。由于燃料电池系统中几乎没有移动的部件，因此噪声小。

（4）安全可靠。燃料电池是由单个电池串联而成，维修时只修基本单元，安全可靠。

（5）不随负荷大小而变化的发电效率。当燃料电池低负荷运行时，效率还略有升高，效率基本上与负载无关。而现在的水力和火力发电装置在低负荷下，发电效率很低，因而要使用各种方法在低负荷时储存能量。

（6）适宜于分散式的发电装置。燃料电池具有积木化的特点，可根据输出功率的要求，选择电池单体的数量的组合方式，既可大功率集中供电，也可小功率分散或移动供电，灵活性大。

（7）比能量高、操作简便。同样质量的液氢电池含有的电化学能量是镍镉电池的 800 倍，同样体积的甲醇电池是锂电池的 10 倍以上。目前，燃料电池的实际比能量尽管只有理论值的 1/10 左右，但是仍比一般电池的实际比能量高得多。同时，燃料电池的结构简单、辅助设备少、操作简便。

1.3 燃料电池的电化学原理

虽然不同类型的燃料电池的电极反应各有不同，但都是由阴极、阳极、电解质这几个基本单元构成，其工作原理是一致的。燃料气（氢气、甲烷等）在阳极催化剂的作用下发生氧化反应，生成阳离子并给出自由电子；氧化物（通常为氧气）在阴极催化剂的作用下发生还原反应，得到电子并产生阴离子；阳极产生的阳离子或者阴极产生的阴离子通过质子导电而电子绝缘的电解质运动到相对应的另外一个电极上，生成反应产物并随未反应完全的反应物一起排到电池外。与此同时，电子通过外电路由阳极运动到阴极，使整个反应过程达到物质的平衡与电荷的平衡，外部用电器就获得了燃料电池所提供的电能。下面以简单的酸性电解质氢氧燃料电池为例说明燃料电池的工作原理[8,9]。

如图 1.1 所示，氢气作为燃料被通入燃料电池的阳极，发生如下氧化电极反应：

$$H_2 + 2H_2O \longrightarrow 2H_3O^+ + 2e \qquad (1.1)$$

氢气在催化剂上被氧化成质子，与水分子结合成水合质子，同时释放出两个

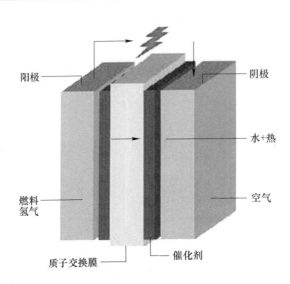

图 1.1   燃料电池基本原理示意图

自由电子。电子通过电子导电的阳极向阴极方向运动，而水合质子则通过酸性电解质往阴极方向传递。在阴极上，氧气在电极上被还原，发生如下电极反应：

$$O_2 + 4H_3O + 4e \longrightarrow 6H_2O \tag{1.2}$$

氧气分子在催化剂的作用下，结合从电解质传递过来的水合质子以及从外电路传递过来的电子，生成水分子。总的电池反应为：

$$2H_2 + O_2 \longrightarrow 2H_2O \tag{1.3}$$

由此可以看出，燃料电池是一个能量转化装置，只要外界源源不断地提供燃料和氧化剂，燃料电池就能持续发电。

从根本上讲，燃料电池与普通一次电池一样，是使电化学反应的两个电极半反应分别在阴极和阳极上发生，从而在外电路产生电流来发电的。所不同的是，普通一次电池，例如锌锰电池，是一个封闭的体系，与外界只有能量的交换而没有物质的交换。换句话说，电池本身既作为能量的转换场所也同时作为电极物质的储存容器，当反应物消耗完时电池也就不能继续提供电能了。而燃料电池是一个敞开体系，与外界不仅有能量的交换，也存在物质的交换。外界为燃料电池提供反应所需的物质，并带走反应产物。从这种意义上讲，某些类型的电池也具有类似燃料电池的特征，例如锌空电池，空气由大气提供，不断更换锌电极可以使电池持续工作。

1.4   燃料电池的分类

燃料电池根据所使用的电解质类型进行分类，具体可分为以下 5 类：碱性燃料电池（alkaline fuel cell，AFC），磷酸型燃料电池（phosphorous acid fuel cell，

PAFC)、熔融碳酸盐燃料电池（molten carbonate fuel cell，MCFC）、固体氧化物燃料电池（solid oxide fuel cell，SOFC）和质子交换膜燃料电池（proton exchange membrane fuel cell，PEMFC）。其中以全氟磺酸膜为电解质的质子交换膜燃料电池被称为第五代燃料电池，是目前操作温度最低的，也是唯一一种可在室温下快速启动的燃料电池，是当前燃料电池研究的热点。

1.4.1　碱性燃料电池

碱性燃料电池[10]（alkaline fuel cell，AFC）以强碱（如氢氧化钾、氢氧化钠）为电解质，氢为燃料，纯氧或脱除微量二氧化碳的空气为氧化剂，采用对氧电化学还原具有良好催化活性的 Pt/C、Ag、Ag-Au、Ni 等为电催化剂制备的多孔气体扩散电极为氧电极，以 Pt-Pd/C、Pt/C、Ni 或硼化镍等具有良好催化氢电化学氧化的电催化剂制备的多孔气体电极为氢电极。以无孔炭板、镍板或镀镍甚至镀银、镀金的各种金属（如铝、镁、铁等）板为双极板材料，在板面上可加工各种形状的气体流动通道（称流场，flow field）构成双极板。在阳极，氢气与碱中的 OH$^-$ 在电催化的作用下，发生氧化反应生成水和电子：

$$H_2 + 2OH^- \longrightarrow 2H_2O + 2e \quad \varphi^{\ominus} = -0.828V \quad (1.4)$$

电子通过外电路到达阴极，在阴极电催化的作用下，参与氧的还原反应：

$$O_2 + 2H_2O + 4e \longrightarrow 4OH^- \quad \varphi^{\ominus} = 0.401 \ V \quad (1.5)$$

生成的 OH$^-$ 通过饱浸碱液的多孔石棉膜迁移到氢电极。

为保持电池连续工作，除需与电池消耗氢气、氧气等速地供应氢气、氧气外，还需连续、等速地从阳极（氢极）排出电池反应生成的水，以维持电解液碱浓度的恒定；排除电池反应的废热以维持电池工作温度的恒定。

20 世纪六七十年代，由于载人航天飞行对高比功率、高比能量电源需求的推动，在美国和国际上形成了碱性燃料电池研制的高潮。在 1960～1965 年间，美国 Pratt-Whitney 公司受美国宇航局（NASA）的委托，在英国 Bacon 教授工作的基础上，为 Apollo 登月飞行成功开发了 PC3A 型碱性燃料电池系统。

在 20 世纪 70 年代，美国联合技术公司（United Technology Corporation，UTC）在 NASA 的支持下，又开发成功航天飞机（shuttle）用的石棉膜型碱性燃料电池系统，并于 1981 年 4 月首次用于航天飞行。

碱性燃料电池在载人航天飞行中的成功应用，不但证明了碱性燃料电池具有高的质量比功率和体积比功率，高的能量转化效率（50%～70%）；而且运行高度可靠，展示出燃料电池作为一种新型、高效、环境友好的发电装置的可能性。

1.4.2　磷酸燃料电池

碱性燃料电池在载人航天飞行中的成功应用[10,11]证明了按电化学方式直接将化学能转化为电能的燃料电池的高效与可靠性。为提高能源的利用效率，人们希望将这种高效发电方式用于地面发电。但是，如果将碱性电池在地面应用，以空气代替纯氧作氧化剂时，必须消除空气中微量的二氧化碳。当采用各种富氢气体代替纯氢作燃料时，必须去除其中所含有的百分之几十的二氧化碳，不但导致电池系统的复杂化，而且提高了系统的造价。为此，20 世纪 70 年代，世界各国致力于燃料电池研究与开发的科学家们开始研究以酸为导电电解质的酸性燃料电池。

以磷酸为电解质的磷酸型氢氧燃料电池首先取得突破。至今，该技术获得了高速发展，已进行了规模为 11000kW、4500kW 的电站试验。定型产品 PC25（200kW）已投放市场，有数百台这种电站在世界各地运行。运行试验证明，这种燃料电池分散电站的运行高度可靠，可作为不间断电源应用。其热电效率达 40%，热电联供时其燃料的利用率达 60%~70%。

与碱性燃料电池相比，酸性燃料电池研究与开发遇到了两大难题。一是在酸性电池中，由于酸的阴离子特殊吸附等原因，导致氧的电化学还原速度比碱性电池中慢得多。因此为减少阴极极化、提高氧的电化学还原速度，不但必须采用贵金属（如铂）作电催化剂，而且反应温度需提高，如已开发成功的 PAFC，工作温度一般在 190~210℃之间。二是酸的腐蚀性比碱强得多，除贵金属外，现已开发的各种金属与合金材料（如钢等）在酸性介质中均发生严重的腐蚀。乙炔炭黑作电催化剂的担体以及石墨化炭材作双极板材料的研制成功为酸性燃料电池的研制与开发提供了物质基础。

和其他燃料电池相比，磷酸电池制作成本低，是目前发展得最为成熟的燃料电池，已经实现商品化，目前国际上大功率的实用燃料电池电站均是这种燃料电池。美国联合技术公司 UTC（前身为国际燃料电池公司 IFC）开发出的 200kW PC25 磷酸燃料电池电厂是第一个商业燃料电池电厂，在北美、南美、欧洲、亚洲和澳大利亚已经安装了 260 个这样的电厂，单座电厂运行时间已经超过 57000h。日本的 FCG1 计划先后开发了 4.5MW 和 11MW 磷酸燃料电池电站，后者是目前世界最大的燃料电池电站，电效率为 41.1%，热电总效率为 72.7%。但是，燃料电池电站的运行发电成本比网电价格要高很多，目前为 1500~2000 美元/千瓦，还很难取得商业运行优势。

1.4.3 熔融盐燃料电池

熔融碳酸盐燃料电池（molten carbonate fuel cell，MCFC）是由多孔陶瓷阴极、多孔陶瓷电解质隔膜、多孔金属阳极、金属极板构成的燃料电池，其电解质是熔融态碳酸盐[10,11]。MCFC 的优点在于：工作温度较高，反应速度加快；对燃料的纯度要求相对较低，可以对燃料进行电池内重整；不需贵金属催化剂，成本较低；采用液体电解质，较易操作。不足之处在于：高温条件下液体电解质的管理较困难，长期操作过程中，腐蚀和渗漏现象严重，降低了电池的寿命。

20世纪50年代初，熔融碳酸盐燃料电池（MCFC）由于其可以作为大规模民用发电装置的前景而引起了世界范围内的重视。在这之后，MCFC发展得非常快，它在电池材料、工艺、结构等方面都得到了很大的改进，但电池的工作寿命并不理想。到了80年代，它已被作为第二代燃料电池，而成为实现兆瓦级商品化燃料电池电站的主要研究目标，研制速度日益加快。现在MCFC的主要研制者集中在美国、日本和西欧等国家。

熔融盐燃料电池采用碳酸盐为电解质，其中的载流子是碳酸根离子。氧气在阴极和二氧化碳一起于催化作用下被氧化成碳酸根离子，在电解液中迁移，与氢气作用生成二氧化碳和水。MCFC的电极反应和总反应如下：

$$阴极反应：\qquad O_2 + 2CO_2 + 4e^- \longrightarrow 2CO_3^{2-} \qquad (1.6)$$

$$阳极反应：\qquad 2H_2 + 2CO_3^{2-} \longrightarrow 2CO_2 + 2H_2O + 4e \qquad (1.7)$$

$$总反应：\qquad O_2 + 2H_2 \longrightarrow 2H_2O \qquad (1.8)$$

美国是从事MCFC研究最早和技术高度发展的国家之一。从事MCFC研究与开发的主要单位为煤气技术研究所（IGT），该所已于1987年组建了M-C动力公司（MCP）和能量研究所（ERC）。美国能量研究所发展的MCFC采用外共用管道和内重整方式当天燃气或碳氢化合物重整反应在电池内部进行时，由于重整反应生成的氢立即被电化学反应消耗掉，因此重整反应的温度可大大降低。一般天然气重整制氢需在800℃进行，而在MCFC内部于600～650℃即可完成。另外，由于重整反应是吸热过程，当其耦合到电池内部时，不但可利用电池废热、减少电池的排热负荷，而且可使电池的温度分布更加均匀。采用内重整方式还省去外重整反应器与换热器，减少了投资。

迄今，MCFC的制备技术已高度发展，试验电站的运行已积累了丰富的经验，为MCFC的商业化创造了条件。但实验也已表明，必须使电池的寿命进一步延长，只有达到4万～5万小时寿命的MCFC电站，才能与现行的发电技术（如火力发电）相竞争，实现商业化。为此，各国科学家正在研究改进MCFC的关键材料与技术，将电池寿命扩展至4万～5万小时，进而实现MCFC电站的商业化。

1.4.4　质子交换膜燃料电池

质子交换膜燃料电池（PEMFC）采用质子交换膜作为电解质[12]，目前普遍采用的膜为全氟磺酸膜，氟碳主链上带有磺酸基团取代的支链。与其他液体电解质燃料电池相比，PEMFC采用固体聚合物作为电解质，避免了液态电解质的操作复杂性，又可以使电解质做得很薄，从而提高电池的能量密度。

PEMFC的工作原理是：燃料气体和氧气通过双极板上的气体通道分别到达

电池的阳极和阴极，通过膜电极组件（MEA）上的扩散层到达催化层。在膜的阳极侧，氢气在阳极催化剂表面上解离为水合质子和电子，水合质子通过质子交换膜上的磺酸基（—SO₃H）传递到达阴极，而电子则通过外电路流过负载到达阴极。在阴极的催化剂表面，氧分子结合从阳极传递过来的水合质子和电子，生成水分子。在这个过程中，质子要携带水分子从阳极传递到阴极，阴极也生成水，水从阴极排除。由于质子的传导要依靠水，质子膜的润湿程度对其导电性有着很大的影响，因此需要对反应气体进行加湿。电池工作原理如图1.2所示。

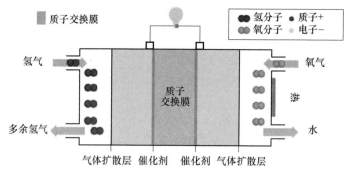

图 1.2   质子交换膜燃料电池工作原理

由于 PEMFC 工作温度低于水的沸点，生成的水为液态，容易使气体扩散电极被淹没。PEMFC 中的水管理比较复杂，液态水太多容易造成电极的水淹现象，水太少又容易引起膜干，两种现象都会导致电池性能的衰减，因此 PEMFC 的水管理特别重要。提高电池工作温度是简化电池操作的一个解决方法，采用新型质子交换膜，将电池工作温度提高到 180～200℃，既可以简化水管理，又可以使 CO 的耐受能力提高到 1% 左右，还可以使电池的废热得到有效的利用。高温质子交换膜燃料电池是今后发展的一个新方向。

PEMFC 除具有燃料电池的一般特点（如能量转化效率高、环境友好等）之外，同时还具有可在室温下快速启动、无电解液流失、水易排出、寿命长、比功率与比能量高等突出特点。因此，它不仅可用于建设分散电站，也特别适宜于用作可移动动力源，是电动车和不依靠空气推进潜艇的理想候选电源之一，是军、民通用的一种新型可移动动力源，也是利用氯碱厂副产物氢气发电的最佳候选电源。在未来的以氢作为主要能量载体的氢能时代，它是最佳的家庭动力源。限制燃料电池汽车大规模发展的主要因素包括燃料电池系统价格昂贵、缺乏供氢系统等，短期内还很难实现商业化。

1.4.5 固体氧化物燃料电池

固体氧化物燃料电池（SOFC）也是一种全固体燃料电池[12]，电解质是复合氧化物，最常用的是氧化钇或氧化钙掺杂的氧化锆，这样的电解质材料在高温（800~1000℃）下具有氧离子导电性，因为掺杂的复合氧化物中形成了氧离子晶格空位，所以在电位差和浓度差的驱动下氧离子可以在陶瓷材料中迁移。固体氧化物燃料电池的工作原理是：氧气在阴极被还原成氧离子，在电解质中通过氧离子空穴导电从阴极传导到阳极，氢气在阳极被氧化，结合氧离子生成水。

目前广泛使用的高温 SOFC 电解质材料为 Y_2O_3 稳定化的 ZrO_2，简写为 YSZ。ZrO_2 本身不具有离子导电性，掺杂约 10% 的 Y_2O_3 后，晶格中的部分 Zr^{4+} 被 Y^{3+} 取代，形成 O^{2-} 空穴。每加入两个 Y^{3+} 便形成一个 O^{2-} 空穴。SOFC 的阳极为多孔 Ni-YSZ，阴极材料广泛采用的是掺锶的锰酸镧。阳极和阴极都是制作成多孔电极，电解质为致密层以防止气体的导通。制备过程中通常将阴极电解质和阳极三层烧结在一起构成三合一电池组件。

SOFC 的结构主要有管式、平板式和瓦楞式三种。管式最为成熟，每根管为单个电池，从内到外分别为支撑管、阴极、电解质和阳极。管子为一端开口，直径 1cm 左右，长度可达 1.5m。多根单电池管经过串并联形成一个管束，多个管束构成一个电池堆。管式电池优点是应力分布均匀，采用合适的结构可以不需要密封。与管式结构相比，平板式结构制备工艺简单，造价低，电流的流程较短，功率密度更高。但是，大面积电池的应力分布均匀和气体密封是板式结构的难题。平板式结构中，三合一电池组件是平板结构，而在瓦楞式结构的电池中，三合一电池组件是瓦楞式或波浪式，这样增加了电池反应面积，因此具有更高的功率密度，但是三合一组件的制备相对困难。

由于电解质材料 YSZ 需要在很高的温度下实现氧离子导电，SOFC 的工作温度很高，达到 1000℃ 左右。虽然采用新的制备方法将电解质厚度减薄到 $10\mu m$ 左右可以使操作温度降低到 800℃ 左右，但温度仍然很高，带来了一系列材料密封和结构上的问题，如电极的烧结、电解质与电极之间的界面化学扩散以及热膨胀系数不同的材料之间的匹配和双极板材料的稳定性等。这些也在一定程度上制约着 SOFC 的发展，成为其技术突破的关键方面。采用新材料将工作温度降低到 400~600℃ 是 SOFC 今后发展的重要方向。

1.5 燃料电池的应用

近年来，许多国家和地区都将燃料电池技术与周边设施产业的开发列为国家重点研发项目，例如美国的"展望 21 世纪"（Vision21）、"自由车（Freedom-car）"、"自由燃料"（Freedom Fuel），日本的"新日光计划"（New Sunshine Program），以及欧洲的"焦耳计划"（JOULE）等。同时，企业界也纷纷投入巨资，积极从事燃料电池技术的研究与开发，以加速燃料电池的商品化，使得燃料电池逐渐具有与传统发电机及内燃机发动机竞争的实力在北美、欧洲和日本等，燃料电池发电厂正以惊人的步伐迈入商业规模应用的阶段，各种发电容量的燃料电池发电厂相继在这些地区和国家新建与运转，将有可能继火力发电、水力发电、核能发电后而成为 21 世纪的第四代发电方式。这种新型发电方式可以大幅度地降低空气污染，并同时解决电力供应不均与不足的问题。以下分别针对燃料电池应用于终端电力（静置型发电站）、车辆动力及便携式电子产品电源等的发展加以简要说明[12]。

1.5.1　静置型发电站

由于燃料电池发电效率并不受发电容量大小影响，因此不仅可以发展成为效率高的小容量家用发电机，也可以建造成大容量的分散型发电站，甚至集中型发电厂。目前全世界进行静置型燃料电池发电站开发的厂商相当多，除了 AFC 之外，几乎所有种类的燃料电池都适合作为不同发电量的静置型发电站。静置型家用发电机发电容量大致在数千瓦到数十千瓦之间，以 PEMFC 与 SOFC 为主，可以单独提供一个家庭所需的电力，也可以以热电合并方式发电同时提供家庭所需的热能；较大容量的燃料电池系统则较适合作为分散型发电站，燃料电池种类则以 PAFC、SOFC 及 MCFC 三款为主；一旦其商品化而且价格合理化后，将可以进一步发展为发电容量达 1000MW 的燃料电池与燃气轮机合并的复合集中型发电厂[13]。

Plug Power 是现今美国最大的质子交换膜燃料电池公司，早在 1997 年时即成功地开发出全世界第一个以汽油为燃料的 PEMFC 发电机组。最近，Plug Power 公司开发出 Plug Power7000 住宅用电力系统，这项产品在 Plug Power 和 GE Microgen 成立了合资公司后，将名称改为 GE Homegen7000，目前已开始接受订购与销售，售价为 1500 美元/千瓦。GE Homegen7000 的发电容量为 7kW，足够提供一个家庭的用电需求。Plug Power 公司预计在 5 年后该产品可以进行大量生产，而量产后的燃料电池售价将可以降至 500 美元/千瓦。根据 Plug Power 公司的估算，全美只要有 20 万户家庭各安装一个 7kW 的家用燃料电池发电装置，其发电容量总和将接近一个中型核能发电厂的发电容量。GE Homegen7000 采用分布式系统的专利设计，即使少数电池堆出现了故障，整个发电系统仍然能够正常运转，因此，电力的品质好且稳定性高。巴拉德动力系统公司除了在车辆动力用的 PEMFC 技术闻名之外，事实上；近几年也积极发展静置型 PEMFC 发电站，初期产品的发电容量为 250kW，这个发电量可提供 50~60 个家庭使用。目前巴拉德动力系统公司在全世界各地，包括加拿大、德国、瑞士及日本等地，已安装了数部机组进行示范运转发电。其中，第一部 PEMEC 发电机组在 1997 年 8 月开始示范运转发电，发电效率可以达到 40%；图 1.3 所示为安装在柏林的第二部 250kW PEMFC 电站，这是在欧洲的第一次进行巴拉德的 PEMFC 发电机组测试；

第三部 250kW 发电机组是在 2000 年 9 月安装在瑞士进行测试；第四部 PEMFC
发电机组则是 2000 年 10 月通过 EBARA Ballard 安装在日本的 NTT 公司。

图 1.3 安装在柏的第二部 250KW PEMFC 电站

目前国际间磷酸燃料电池静置型发电机的开发以联合技术集团（United
Technology Corporation，UTC）下的 UTC Fuel Cells 公司为指标。UTC Fuel Cells 的
前身国际燃料电池公司（IFC）和东芝合资成立的 ONSI 公司在美国能源部和燃
气研究所的资助下进行了 PC25^{TM}，200kW 的 PAFC 发电站的开发。所生产的
PC25^{TM}型 PAFC 目前在全世界已经销售了接近 250 台。PC25^{TM}开发之初主要作
为提供发电厂的尖峰用电，近年来则侧重于作为公寓、购物中心、医院、饭店等
地方提供电和热的现场型电力系统。

MCFC 是作为静置型发电站最佳选择之一[14]。目前全世界开发 MCFC 最著
名的是燃料电池能源（Fuelcell Energy）公司，它的前身 Energy Research Corpora-
tion（ERC）于 1996 年在美国加州圣克拉拉建造了全世界第一座百万瓦级
（2MW）的 MCFC 示范发电站，Fuelcell Energy 公司的 MCFC 所使用的燃料气体
可以直接在电池内部进行重整，因此不需要单独设置燃料重整器。目前 Fuelcell
Energy 公司所进行商品化前测试的产品发电容量计有 300kW、1.5MW 及 3MW 的
MCFC 三款，而商品的注册商标为 Direct Fuel Cell（DFC）。

1.5.2 车辆动力

20 世纪 80 年代在全世界掀起了一股非常强烈发展洁净而高效率车辆动力的
热潮，而且这种车辆的动力不仅能够来自传统汽油或柴油燃料，同时也能够使用
再生能源或其他替代燃料（如氢气、甲醇、天然气、乙醇等），燃料电池电动车
基本符合上述需求。世界上主要车厂均积极投入燃料电池电动车的开发，燃料电
池驱动的小客车、旅行车、小货车、公共汽车等的原型（prototype）车也正在进
行示范运行与测试，这些车辆所使用的燃料包括氢气、甲醇、天然气，以至汽

油等[15~17]。

　　燃料电池电动车的发展历史可以追溯到 20 世纪 70 年代初期，当时 K. Kordesch 曾将奥斯丁 A-40 两门小客车进行改装成为燃料电池与铅酸蓄电池结合的复合动力电动车，这部车是使用 6kW 的 AFC，而所需的氢气则是贮存于置放在车顶的高压储氢钢瓶内，这部车实际在公路上测试了 3 年，共计行走了 21000km 的距离。1994 年与 1995 年，H-power 所带领的一个研究团队组装了三部 PAFC 与镍镉蓄电池结合的复合动力电动公共汽车，这部公共汽车车长 9m 共有 25 个座位，燃料电池输出功率为 50kW，镍镉蓄电池的输出功率与容量分别为 100kW 与 180A·h。

　　近年来，运输用燃料电池的发展焦点集中在 PEMFC 的身上，这是因为 PEMFC 具备了低温快速启动、无电解液腐蚀溢漏问题等运输动力所必须具备的特点。美国和加拿大十分重视发展燃料电池汽车的研发，其中作为老牌汽车工业强国的美国，依托于强大的科技力量，大力发展本国燃料电池汽车技术。美国通用汽车公司生产的雪佛兰 Equinox 燃料电池汽车是其旗下代表性作品。截至 2009 年，该车总的行驶里程已达 160 万千米。在 2010 年的上海世博会期间，通用汽车公司就将两辆配置着最先进的第四代燃料电池技术的雪佛兰 Equinox 燃料电池汽车交付给上海世博会管理局使用，该车不仅外观时尚典雅、性能优异，而且不排放任何有害尾气，是一款真正意义上的零污染汽车。

　　在德国，戴姆勒—奔驰汽车公司于 2011 年在原来的奔驰 B 级车型的基础上推出了全新奔驰 B 级燃料电池汽车 F-Cell。该车是通过采用最新一代的燃料电池驱动系统，最高输出功率为 100kW，实际最高车速可达 170km/h，续驶里程能够达到 400km。完全满足了日常出行以及长途旅行的需要。在车辆输出功率及性能上，该车完全可媲美 2.0L 汽油车，此外 F-Cell 汽车在 -25℃ 的室外温度下仍能够正常运行，保证了汽车在低温下良好的启动以及操纵性能。奔驰汽车公司于 2017 年实现该车型的普及化。

　　作为老牌汽车公司，奥迪汽车在最近的 2014 年洛杉矶车展上正式推出了 A7Sportback htron quattro 概念车。该车最大的特点就是搭载了氢燃料电池的动力系统，该车配备了四个高压氢气罐，其百公里氢气消耗约为 1kg，仅需 3min 即可充满氢气，该车实测 0~100km/h 的加速时间仅为 7.9s，实际测试中的最高车速可达 180km/h，代表了奥迪公司在燃料电池汽车方面最新的科技水平。

　　丰田汽车公司推出的 2008 版 FCHV-Adv 搭载了新设计的高性能燃料电池 "Toyo ta FC stack" a FC stack 料电 70MPa 高压氢存储箱，成功地使车辆在一次加氢后续航里程延长 2 倍，行驶里程可达到 830km，在低温冷启动性能上，现实测试表明在 -370℃ 的外界温度下，车辆也能顺利实现启动与正常行驶。在 2014 年 11 月，丰田汽车公司正式推出了其旗下最新燃料电池汽车 MIRAI，该车采用了丰田最新研发的燃料电池系统（TFCS）续航里程可达 700km，0~100km/h 加速时间约为 10s。

1.5.3 便携式电子产品小电源

燃料电池在静置型发电站与车辆动力上的应用主要特点是环保、节能及能源多样化，然而便携式电子产品燃料电池发展主要特点是在于它具有高能量密度，以及可以提供较久的使用时间。

在小型化、轻型化风潮兴起，便携式电子通信产品大行其道的情况下，电池直接影响产品的使用时间及体积大小，甚至销售量。由于产品功能增加快速，对电源的需求越来越大。例如，使用高密度锂离子电池的 3G（第三代）手机通信时间仅为 100min，然而质量却因电池加大而增加至 150g，目前现有的二次电池均已无法满足功能日益复杂化的电子产品的需求。因此，美日欧各国厂商无不积极投入新一代便携式电子通信产品用燃料电池的开发。以下几项因素加速了作为电子产品电力的微小或迷你燃料电池的开发工作[18,19]。

（1）锂离子电池能量密度提高空间有限。锂离子电池是目前便携式电子产品电源的主流。然而，锂离子电池在 1990 年问世后，能量密度的提高速率，相对于 CPU 速度、DRAM 容量等的提高，可谓十分缓慢，每年仅仅提高约 10% 的程度，而且有逐年减小的倾向。这是由于目前市面上产品的能量密度已经相当接近理论极限值的 500~600W·h/L。因此，2004 年以后，能量密度提高速率已下降至每年 5% 左右。以笔记本计算机为例，过去 10 年，由于处理器速度不断提高，耗电量已随之增加 100 倍之多，而相对锂离子电池的能量密度仅仅提高 3 倍左右。由于电池技术发展明显落后，寻求其他替代技术，成为相关厂商迫切需要解决的课题。

（2）燃料电池让产品设计自由度提高。燃料电池使用上与传统电池最大的不同是只需补充燃料而无须充电。理论上，燃料电池可无限次使用，然而使用次数增加后，由于在电极上作为触媒的电催化能力会有衰减的现象，而影响发电效率，因此，燃料电池的使用寿命将视触媒劣化速度而定。而其最大优势是能量密度可达锂离子电池的 10 倍，体积质量则视燃料容器的外形与容量而定。因此，燃料电池应用在电子产品设计上的限制将可大幅降低，并可望引发许多新的产品设计理念。例如，由于燃料电池的高能量密度而具有设计出更轻型产品的潜力，摩托罗拉（Motorola）公司所开发的燃料电池手机的原型机，即效仿钢笔墨水管设计方式，补充燃料时只需更换像墨水管一样的燃料容器即可。因此，厂商开发重点除了电极、薄膜等关键材料外，系统产品构造的重新设计也是重要环节。

（3）便携式电子产品将是燃料电池市场成长的驱动力。在环保与节能因素的考量下，燃料电池应用在汽车动力及住宅电源上的开发与实验已进行一段时间，由于在耐久性及安全性方面的验证相当费时，而且外围基础设施也必须花费相当的时间与经费，更重要的是要改变所遇到的既有能源产业庞大阻力，因此，距普及阶段仍有一段距离。相对地，便携式电子产品用燃料电池的发展并不会遇到上述问题，而且以数量计算，市场规模比起家用与车用燃料电池高出许多，加上需求迫切，厂商资金人力等投入非常积极，目前已有多家厂商生产此类产品。

1.5.4 其他应用

无缆水下机器人可以完成不同深度的水下作业，然而其活动范围则受到动力源的功率与所储能量的限制。为了提高无缆水下机器人活动半径和作业时间，各国正在试验用燃料电池作为无缆水下机器人的动力源。美国 Perry 公司使用巴拉德动力系统公司的 MK5 型 5kW 的 PEMFC，进行水下机器人动力试验，成功地完成了一项为期 37h 的无人水下载运器的示范运行[20]。

目前全世界各国海军所使用的潜艇依照动力源不同可以分为柴油发电机搭配铅酸蓄电池的传统动力潜艇和来自核反应的核动力潜艇。核动力潜艇由于造价高，且退役时核反应设备的处理困难等因素限制了核动力潜艇的发展[21]。而以传统的柴油机和铅酸蓄电池为动力的潜艇因为要为铅酸蓄电池充电而必须经常在通气状态下航行，在反潜技术高度发展的今天，传统动力潜艇的隐蔽性与安全等日益受到威胁。因此，在 20 世纪末，全世界各国均在发展不依赖空气而可在水下长时间航行的非核"闭气推进系统"（air-independent propulsion system）潜艇。由于 PEMFC 具有能量转化效率高及工作温度与噪声均低的特点，是极为理想的 AIP 潜艇动力源，例如，在携带相同燃料和氧化剂的情况下，PEMFC 动力潜艇的续航力是柴油发动机的两倍，而工作温度与噪声也与铅酸蓄电池差不多。在燃料电池动力潜艇发展的初期，各国大多采用混合动力系统的设计，也就是在原传统动力体系外再加装燃料电池发动机，燃料电池以液氧为氧化剂，而燃料则采用以储氢材料储氢或者是采用艇载的甲醇部分氧化（partial oxidization，POX）重整器制氢，当潜艇需要隐蔽作战时，可以以燃料电池和铅酸蓄电池为动力，这样，可以提高潜艇潜航力与隐蔽性而增强作战能力并提高安全度。当远离战区时则潜艇可转由柴油发动机驱动，而达到混合驱动潜艇的目标。从长远的目标来看，仍以 PEMFC 全动力潜艇为最佳选择。

参 考 文 献

[1] Grove W R. Meteorological journal [J]. Philosophical Transactions of the Royal Society of London, 1843, 133（1）：17~32.

［2］ Mond L，Langer C. A new form of gas battery［J］. Proceedings of the Royal Society of London，1890，46（280~285）：296~304.

［3］ Williams K R. Francis thomas bacon，21 December 1904-24 May 1992［J］. BiograpHical Memoirs of Fellows of the Royal Society，1994，39：2~18.

［4］ Jiang L H，Sun G Q，Zhou Z H，et al. Preparation and characterization of PtSn/C anode electrocatalysts for direct ethanol fuel cell［J］. Catalysis Today，2004，93（3）：665~670.

［5］ Tatsuhiro O，Yoshifumi S，Takuji H，et al. Novel system of electro-catalysts for methanol oxidation based on platinum and organic metal complexes［J］. Electrochimica Acta，2004，49（3）：385~395.

［6］ Claudia B，Sandro C，Marco M. Deposition of non-stoichiometric tungsten oxides-MO$_2$ composites（M＝Ru or Ir）and study of their catalytic properties in hydrogen or oxygen evolution reactions［J］. Electrochimica Acta，2003，48（25~26）：3921~3927.

［7］ Mathiyarasu J，Remona A M，Mani A，et al. Exploration of electrodeposited platinum alloy catalysts for methanol electro-oxidation in 0. 5M H$_2$SO$_4$：Pt-Ni system［J］. Journal of solid state electrochemistry，2004，8（12）：968~975.

［8］ 毛宗强. 燃料电池［M］. 北京：化学工业出版社，2005.

［9］ 何大平，木士春. 质子交换膜燃料电池铂电催化剂的稳定策略［J］. 电化学，2018，24（6）：655~663.

［10］ 曾潮流，张鉴清，吴维. 熔融碳酸盐燃料电池［J］. 腐蚀科学与防护技术，1993，5（4）：291~296.

［11］ 黄镇江，刘风君. 燃料电池及其应用［M］. 北京：电子工业出版社，2005.

［12］ 肖钢. 燃料电池技术［M］. 北京：电子工业出版社，2008.

［13］ 首座 2MW 氢燃料发电站商业运行氯碱副产氢实现资源化利用［J］. 江苏氯碱，2016（6）：35.

［14］ 世界首座 2MW 氢燃料电池发电站落户营创三征［J］. 中国氯碱，2016（09）：46~47.

［15］ 伍赛特. 燃料电池应用于汽车动力装置的技术现状及前景展望［J］. 交通节能与环保，2019（3）：1~4.

［16］ 季文姣. 燃料电池汽车的现状与发展前景［J］. 企业技术开发，2019，38（5）：62~64.

［17］ 敖翔. 以新能源汽车为例探讨燃料电池的研究现状及发展前景［J］. 现代工业经济和信息化，2018，8（15）：50~52.

［18］ 王晓强，刘江，谢永敏，等. 可用作便携式电源的高性能直接碳固体氧化物燃料电池组［J］. 物理化学学报，2017，33（8）：1614~1620.

［19］ 戚伟，肖铎，汪秋婷，等. 燃料电池笔记本移动电源适配器的研制［J］. 电源技术，2016，40（5）：1013~1016.

［20］ 吕学勤，马玉超，刘文明. 机器人燃料电池混合动力系统优化控制［J］. 上海交通大学学报，2016，50（12）：1936~1939.

［21］ 陈兴威. 燃料电池系统在军事设备的应用（上）［N］. 大同日报，2018-11-29（003）.

2 直接乙醇燃料电池研究现状

2.1 直接乙醇燃料电池

2.1.1 直接乙醇燃料电池的特点及应用

直接醇类燃料电池（direct alcohol fuel cell，DAFC）是一种可直接利用醇类的水溶液作燃料的低温型质子交换膜燃料电池。由于醇类来源广泛、易储存和运输等优点，使其具有广泛的应用前景。在燃料的选择上，可使用各类有机小分子，如甲醇、甲酸、甲醛、乙醇等，其中甲醇具有成本低，运输和储存方便，热值较高（6kW·h/kg，汽油也仅为 10~11kW·h/kg）等优点[1]，直接甲醇燃料电池（direct methanol fuel cell，DMFC）因此成为许多国家研发的热点，并且已经取得了显著的成绩[2]。但是由于甲醇具有易挥发、毒性高、易透过 Nafion 膜等问题，为了实现醇类燃料电池在可移动电源领域如手机、笔记本电脑以及电动车等的应用，有必要寻找其他醇类来替代高毒性的甲醇。近年来，乙醇、乙二醇、异丙醇、丙三醇等都引起了人们的关注。其中，在众多的有机小分子中，研究者们最看好的是乙醇，因为从结构上来说，乙醇是最简单的有机小分子中，也是最简单的链醇分子，同时乙醇对人体的毒害作用较小，理论能量密度高（8.1kW·h/kg），较低的渗透率，来源广泛，并且乙醇燃烧生成的物质恰好是自然界通过光合作用合成乙醇所必备的物质，所以乙醇燃烧产生的温室效应可以忽略，符合绿色化学要求，是典型的可再生绿色环保型能源。因此，直接乙醇燃料电池（direct ethanol fuel cell，DEFC）不仅有理论意义上的研究价值，而且有非常大的实际应用潜力。近年来 DEFC 成为研究热点，在 2013 年召开的美国电化学会第 223 次会议（223th Electrochemical Society Meeting）上专门设一个专题（ethanol oxidation）来讨论关于乙醇氧化方面的工作。DEFC 能量转化效率的关键是催化剂，而现在用乙醇作为燃料最主要的问题是催化剂对乙醇氧化的电催化活性较低，且 C—C 键较难断裂，使得乙醇完全氧化生成 CO_2 并释放 12 电子的过程较难进行，乙醇在现有的催化剂上的电催化氧化主要还是经过 4 电子转移氧化生成乙酸，导致燃料利用效率大大降低。

据欧洲汽车新闻报道，日本研发出成本低廉、使用安全的乙醇燃料电池，这项技术不需要配备特有的加油站，燃料也不需要是纯乙醇，最高可与55%的水混合使用，日本计划于 2020 年将其投入市场运行。香港科技大学能源研究院院长赵天寿教授将乙醇作为模型车和 MP3 正常运行的电池燃料来源，加入数滴酒精，一辆模型车能运行数 10h，而一部 MP3 则能播放 20h，他们预测，乙醇燃料电池可使手机的使用寿命翻一番，并改善电子产品如电脑、电器、电动车等的性能。他认为燃料电池进一步的研究将集中在提高效率、延长寿命及降低成本等方面，并希望这项新科技能在 7~8 年内推入市场。

2.1.2 直接乙醇燃料电池的工作原理

2.1.2.1 DEFC 的组成及工作原理

直接乙醇燃料电池（DEFC）的组成及工作原理如图 2.1 所示[3]。乙醇在阳极发生电催化氧化反应转换成 CO_2 和水，该过程同时释放出电子和质子，质子透过电解质在阴极与氧气发生反应，生成水。而电子经过外电路上的负载到达阴极，将化学能转化成电能。

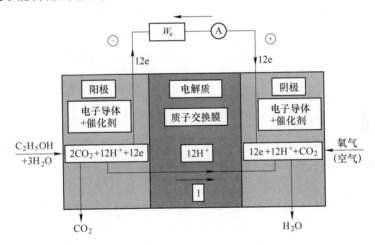

图 2.1 直接乙醇燃料电池的工作原理

DEFC 阴阳极电池反应式如下：

阳极： $CH_3CH_2OH + 3H_2O \longrightarrow 2CO_2 + 12H^+ + 12e \quad E^\ominus = 0.084\ V$

$$(2.1)$$

阴极： $3O_2 + 12H^+ + 12e \longrightarrow 6H_2O \quad E^\ominus = 1.223\ V \quad (2.2)$

总反应式： $CH_3CH_2OH + 3O_2 \longrightarrow 2CO_2 + 3H_2O \quad E^\ominus = 1.145\ V \quad (2.3)$

由文献［4］可知，和汽油（10~11kW·h/kg）相比，乙醇也有较高的能量密度（8.01kW·h/kg），因此它可以作为汽油的替代品，成为汽车的新型燃料。同时乙醇的能量效率（0.970）比甲醇燃料电池（0.967）和氢氧燃料电池

（0.830）都要高，因而乙醇是较为理想的液体燃料。

乙醇电氧化的热力学平衡电位与甲醇很接近，分别是 0.084V 和 0.046V，但是从动力学上来看，甲醇完全氧化释放 6 电子，而乙醇完全氧化生成 CO_2 释放 12 电子，同时需要打破乙醇分子中的 C—C 键，因此与甲醇完全电氧化相比，乙醇完全氧化更加困难，有必要深入研究乙醇的电催化氧化过程，这不仅对认识电催化反应机理有重要的意义，而且有助于更好地设计和筛选新型高效实用的乙醇电氧化催化剂。

2.1.2.2　DEFC 阳极反应机理

目前，主要采用原位红外光谱（*in situ* FTIR）、微分电化学质谱（DEMS）、气相色谱（GC）以及电化学石英微天平（EQCM）等方法研究乙醇在贵金属电极上电催化氧化过程，检测乙醇氧化的中间产物和最终产物，从而在分子水平上阐述乙醇电催化氧化的反应机理，并以此为依据来设计和开发高活性的乙醇氧化电催化剂；研究者们采用 *in situ* FTIR 和 GC 等技术研究了乙醇在多晶铂上的电催化氧化，发现其氧化的中间产物主要是 CH_3COH、CH_3CO、CH_x 和 CO，最终产物是乙醛、乙酸和二氧化碳。实际上直接乙醇燃料电池效率很低，主要是因为乙醇氧化最终产物主要以乙醛和乙酸为主，并且在实际燃料电池阳极环境下（$E < 0.4V$, *vs* SHE）进一步氧化乙酸比较困难。在铂电极上，乙醇的氧化以双路径机制进行：

由图 2.2 可知，反应（1）显示乙醇不完全氧化产生乙醛，伴随着两个电子转移，反应（2）显示乙醛氧化成为乙酸，伴随着另外两个电子的转移。这种不完全的氧化路线不是有利的，因为其只存在 4 电子的转移，产生的能量密度较低，并且其形成的产物（乙酸）非常稳定，在电极上很难氧化成 CO_2。因此，乙醇完全氧化生成 CO_2 才是有利的途径，这需要 C—C 键的断裂，这种裂解可以发生在乙醇分子（反应（4））或乙醛分子（反应（3））中，并会形成不同的中间产物，最终形成吸附态 CO。通过 IR 实验，可以确定不同的反应中间体和产物。由于 CO 对 Pt 的吸附性较强且其氧化所需的过电位较高，一些学者认为它是催化剂的中毒物种[5~7]。研究表明，CO 并不是一种中毒物种，而是真正的活性中间体物质，其形成是将乙醇分子完全氧化成 CO_2 所需。

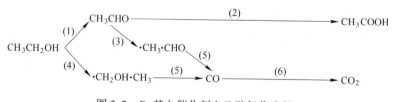

图 2.2　Pt 基电催化剂上乙醇氧化途径

Purgato 等人[8]研究表明乙醇在催化剂上的吸附方式决定了乙醇按照哪种氧化途径（反应）进行。大多数情况下，尤其是在 Pt（111）晶面以及多晶 Pt 表面上，乙醇氧化第一步的脱氢吸附经过羟基—OH 的断裂，而这样一种吸附方式很容易使乙醇经过 4 电子途径氧化生成乙酸。相对于纯 Pt 来说，经典电化学（如循环伏安法、电位阶跃法等）研究表明乙醇在双金属催化剂如 PtSn 和 PtMo 上的氧化具有更高的电流密度，但是原位红外光谱研究表明 CO_2 的选择性很低，大部分产物仍然是乙酸，只发生 4 电子转移，造成能量损失，乙醇利用率低[9]。

尽管乙醇的电催化氧化反应机理已经取得了一定的进展，但机理并没有达成一致，有许多地方还有待进一步阐明清楚，比如乙酸是经过乙醛中间体生成还是直接一步生成，又如现在关于吸附态中间产物的本质并不统一等。乙醇完全氧化成 CO_2 必须断开 C—C 键，而这个活化能比断开 C—H 键的活化能高很多，所以对于乙醇来说，使之完全氧化的催化剂必须具备以下功能：C—H 和 C—C 键能够在较低温度和较低电位下被打断，并且可以消除或至少在一定程度上降低中间物种的毒化。因此，高性能催化剂的研究对 DEFC 至关重要，提高电池的效率基本上依据以下两条途径：研究高效率催化剂，优化反应参数和条件。

2.1.3 直接乙醇燃料电池存在的问题

目前，直接乙醇燃料电池（DEFC）主要的研究方向是乙醇氧化电催化剂的研制，并取得了一定的进展[10~12]，研究发现，对乙醇来说，活性较高的是 PtRu 和 PtSn 催化剂。Arico 等人[13]使用高温复合膜，阳极催化剂 PtRu/C，阴极催化剂为 Pt/C，145℃时，直接乙醇燃料电池的最大功率密度达到 $11mW/cm^2$。

中国科学院大连化学物理研究所直接醇类燃料电池实验室在探索新型可替代燃料方面进行了大量而卓有成效的工作[14]。他们发现，如在 Pt 催化剂中加入 Sn、W、Ru、Pd 等都比纯铂乙醇的电催化氧化活性高，且氧化活性顺序从高到低为 PtSn，PtRu，PtW，PtPd，Pt。以 Nafion-115 膜为电解质膜，阳极催化剂采用自制的 PtSn/C，阴极采用 Pt/C，90℃时，直接乙醇燃料电池的最大输出功率密度超过 $50mW/cm^2$。目前，尽管 DEFC 电催化剂的研究取得了一定进展，但是商业化还存在一些问题：

（1）催化氧化动力学过程缓慢，乙醇的完全电催化氧化涉及 12 电子和 12 质子的释放和转移，同时还需要断裂分子中的 C—C 键，过程复杂，中间产物多，使得 DEFC 的法拉第效率较低。

（2）催化剂成本过高，到目前为止，在酸性介质中最有效的乙醇氧化电催化剂为 Pt 及 Pt 基催化剂，但 Pt 的自然储量有限。据不完全统计，世界铂金总储量约为 1.4 万吨，仅为黄金储量的 5%，主要分布在南非和俄罗斯。而且由于工业上的广泛应用，其价格越来越昂贵，必须采取有效手段控制铂的载量。

（3）催化剂易毒化，乙醇分子在氧化过程中，会产生一系列的中间产物，其中影响最大的是 CO_{ads}，这些中间产物在 Pt 的表面形成强烈的吸附，封锁了 Pt 催化剂的表面活性位置，阻止了乙醇分子的解离吸附，从而造成催化剂中毒。

（4）质子交换膜的研制，目前质量好的质子交换膜具有：物理化学性质较稳定、质子的导电率相对比较高，当然其也有许多不足需要改进：其一是由于它的合成步骤复杂，产物控制困难，导致其成本极高；其二是密封问题，乙醇的流失导致了能量损失，更重要的是电位混合，导致了整体电池输出电压降低，因此，质子交换膜的研制方向是制备出成本较低而稳定性较高的膜电极。

综上所述，上述问题直接影响了电池的性能、稳定性以及使用寿命，因此，如何进一步提高 Pt 及 Pt 基复合催化剂对乙醇电催化氧化的活性、稳定性及抗毒性是目前急需解决的科学课题。

2.2　直接乙醇燃料电池催化剂的研究现状

目前，DEFC 电池催化材料主要为碳载铂（Pt/C）催化剂。但铂金属价格十分昂贵，特别是我国铂族金属资源十分短缺，有必要进一步降低铂金属担载量。另外，催化剂在催化氧化过程中易被反应中间产物 CO 物种吸附毒害。因此，为了脱除催化剂表面吸附的 CO 物种，只有对电极表面加以修饰来改变电极表面的氧化和吸附物种的动力学行为，因此，研究者们通过加入的第二种金属，研究开发 Pt 合金催化剂，增加了—OH 物种的浓度，促使 CO 进一步氧化为 CO_2，从而达到提高电催化剂的抗中毒性。因此，降低催化剂中贵金属 Pt 的使用量，提升催化剂的催化活性是 DEFC 商业化应用必须解决的一个关键性问题。

2.2.1　铂基一元催化剂

在众多金属中，被认为在酸性介质中最有利于乙醇电氧化的催化剂，但是乙醇在吸附解离过程中产生的中间产物如 CO_{ads} 等对 Pt 的强吸附作用会使其催化活性迅速降低，因此纯 Pt 在乙醇氧化过程中容易产生自毒化，尤其是在稳态操作模式下。并且纯铂的选择性不好，不利于乙醇的彻底氧化。根据 DFT 理论计算的结果，以下两个竞争过程解释了纯铂作为乙醇氧化催化剂的局限性[15]：（1）Pt 在低电位下容易促使乙醇解离形成吸附态 CO 中间产物，这就需要纯 Pt 上具有吸附态—OH 使 CO 进一步氧化，而—OH 在纯 Pt 上吸附电位 $E > 0.6V$（vs SHE），因此低电位下在纯 Pt 上无法生成含氧物种—OH，使得 CO 继续氧化途径受到了限制使其成为毒性物种；（2）高电位下的含氧物种是惰性氧物种，因此高电位下惰性含氧物种的吸附使 C—C 键的断裂受到抑制，导致 CO_2 的生成量降低。尽管单组分 Pt 在乙醇的氧化过程中也有很多问题，但是也有一定发展。其研究方向主要集中在不同 Pt 晶面对乙醇的电催化氧化机理以及形貌控制合成纳米 Pt 等方面，研究表明乙醇电氧化反应对催化剂结构比较敏感，不同晶面对 C—C 键的断裂程度不同[16]。然而在实际应用中为了提高 Pt 催化剂对乙醇的氧化活性和选择性，减少贵金属用量，降低燃料电池催化剂成本，通常加入外系金属形成二元或三元催化剂。

2.2.2 铂基二元催化剂

2.2.2.1 铂基二元双金属催化剂

DEFC 目前主要以贵金属铂（Pt）作为催化剂，Pt 不仅是贵金属催化剂中最贵的，还易被 CO 毒化，从而失去活性，而且 Pt 催化剂的催化效率不高，使得 DEFC 走向商业化更为困难[17]。为了克服 Pt 基催化剂所产生的 CO 中毒现象，降低贵金属 Pt 的使用量，研究人员们使用如锡、钌、铱、钴和锗等金属与 Pt 形成双金属电极材料，以提高催化性能。由于这些元素有助于去除吸附在 Pt 表面的 CO 物种，并转化为 CO_2。添加第二种金属除了能够在较低电位值生成—OH_{ads} 种类，还可以改变铂的电子性质，从而可消除 Pt—CO 中间键，降低氧化电位[18,19]。

金属钌（Ru）能够在低电位下促进水的活化解离，生成大量的含氧活性物质 Ru—OH_{ads}，促进催化剂表面的含碳中间产物的氧化，增强催化剂的抗中毒能力即双功能机理。Ru 的掺杂改变了 Pt 的面心立方结构中的 d 电子结构，造成 d 带能级位移，能够降低一氧化碳和氢氧基团对 Pt 的吸附能。但是，随着研究的不断深入，研究发现 PtRu 催化剂对乙醇的 C—C 键断裂能力有限，催化作用并不理想，因此，又拓宽了研究视野，开展了其他 Pt 基催化剂的研究。Kowal 等人[20]通过原位红外光谱技术研究了 Pt-Rh 合金催化剂，发现 Rh 的加入能够促进乙醇 C—C 键的断裂，催化剂对乙醇氧化成为 CO_2 的过程具有较好的选择性。但是，Ru、Rh 也属于贵金属，虽然价格低于 Pt，但应用于 DEFC 的成本还是较高，不利于 DEFC 的商业化。过渡金属价格低廉且存储量丰富，研究发现，非贵金属 Fe、Co、Ni 和 Mo 等与 Pt 复合能够提高催化剂的催化效率。Anderson 等人[21]研究发现价格低廉的 Mo 解离活化水的电位低于贵金属 Pt，Mo 与 Pt 的复合大大提高了催化剂的抗 CO 中毒能力，与 PtRu 合金相比，由 PtMo 复合催化剂催化的甲醇氧化反应的电流氧化峰电位较低。通过 EC-XPS 技术研究了 PtCo 合金，发现 Co 的加入影响了 Pt 原子的电子结构，Pt $4f_{7/2}$ 轨道中心能级正移，削弱了 Pt 和 CO 的相互作用，促进 CO 的氧化，理论上解释了 PtCo 合金具有较好的抗 CO 中毒性。目前，研究人员大都集中在 Pt 基催化剂中加入贵金属作为催化剂的第三组元，但是，此类金属仍属于贵金属，资源稀少、价格昂贵，难以推动直接乙醇燃料电池走向商业化。然而，过渡金属 Ni 地壳含量丰富、价格低廉，并且其 $3d$

电子轨道只有 8 个电子，能级未被充满，形成的 d 空穴易与反应物分子形成化学吸附键，可加速催化反应的进行。目前，在 Pt 基催化剂中添加非贵金属 Ni 的相关文献报道较少，且其作用机理仍不清晰。因此，研究铂镍合金催化剂对乙醇催化氧化的电催化性，对降低催化剂中贵金属铂的担载量，提高催化剂性能非常有意义。

2.2.2.2　添加氧化物的铂基催化剂

研究人员发现，金属氧化物（如 MnO_2、TiO_2、WO_3、CeO_2、ZrO_2、Fe_2O_3 等）能够与贵金属形成协同效应，可提高催化剂的性能。Feng 等人[22]研究了用于直接甲酸燃料电池的 Pd-WO_3/C 阳极催化剂，结论是引入 WO_3 可以提高 Pd/C 催化剂的催化活性。Bai 等人[23]报道，ZrO_2 改性的 Pt/C 催化剂在碱性介质中显示比 Pt/C 催化剂更高的乙醇氧化电流。文献[24]制备了 Pt-ZrO_2/CNTs 催化剂用于甲醇和乙醇的氧化，研究发现，ZrO_2 中氧空位和双功能机制的综合作用可显著提高催化剂对甲醇和乙醇氧化的催化活性。在众多金属氧化物中，CeO_2 被广泛用作一种氧气罐，用于调节催化剂表面的氧浓度。因此，Pt 与 CeO_2 的复合催化剂的研究引起了广泛的关注。Scibioh 等人[25]报道 CeO_2 和 Pt 对阳极的甲醇氧化具有协同作用，CeO_2 含量（质量分数）为 9% 的 Pt-CeO_2/C 催化剂显示出比 Pt/C 催化剂更高的甲醇氧化活性和稳定性。Zhou 等人[26]通过模板法在碳纳米管（CNT）上合成 Pt-CeO_2 复合材料，Pt-CeO_2/CNT 的催化活性和稳定性是 Pt/CNT 催化剂的两倍。Masuda 等人[27]通过 X 射线吸收精细结构谱（XAFS）发现，CeO_x 的存在抑制了 Pt 氧化物的形成，Ce^{3+} 被氧化成 Ce^{4+}，从而有效地提高了 ORR 的发生率。Lin 等人[28]通过一锅合成方法制备了 Pt-CeO_2/C 催化剂，结果表明对 CO 的氧化活性大大提高。综上所述，说明一定量金属氧化物的添加能够提高催化剂的分散度及抗中毒能力。因此，使用 CeO_2 可作为辅助催化剂能够提高催化剂的催化性能，但是，目前对添加 CeO_2 对乙醇催化氧化活性的影响缺乏系统性的研究，且作用机理仍不清楚。

2.2.3　铂基多元复合催化剂

虽然，添加第二种金属或金属氧化物的二元催化剂能够在一定程度上提高催化性能，但是仍存在一些问题。例如，在长时间测试过程中，在二元催化剂表面所吸附的醇类氧化所产生中间物种的量仍然较大，这就会导致催化剂表面的醇类吸附位点减少，造成催化剂稳定性下降。因此，为了解决以上问题，研究者们便研究开发了多组元催化剂。

Zhu 等人[29]用硼氢化钠作为还原剂，在乙二醇溶液中制备 PtSnIn/C 催化剂（摩尔比为 60∶30∶10、60∶20∶20、60∶10∶30），将该催化剂与同样条件下制备得到的 PtSn/C 和 PtIn/C 催化剂进行比较，在单电池测试中，PtSnIn/C（60∶20∶20）催化剂性能比 PtSn/C 和 PtIn/C 高出近 63.3%。孙洪岩等人[30]用改良的 Bönnemann 法合成 Pt/C、Pt-Ir/C、Pt-SnO$_2$/C 和 Pt-Ir-SnO$_2$/C 阳极电催化剂。通过形貌表征等物理表征以及电化学表征测试，结果显示 Pt 纳米粒子为面心立方结构，分散均匀。其中，Pt-Ir-SnO$_2$/C 催化活性最高，原因是 Ir 和 Sn 由于协同作用降低了催化剂对乙醇反应的活化能，因此催化活性最高。Ito 等人[31]制备了 PtRu-TiO$_2$/碳纳米纤维（CNF）催化剂，其中 TiO$_2$ 是嵌入到碳纳米纤维中的。该催化剂对乙醇氧化的质量活性高于对甲醇氧化。当 Ti 与 C 比为 1∶1 时，PtRu-TiO$_2$/CNF 催化剂的质量比活性达到最大，其值为 603mA/mg，是 PtRu/C 的两倍。PtRu-TiO$_2$/CNF 电催化剂加快了乙醇向乙醛转化以及之后向 CO 转化的反应速率，减小了乙醇向乙酸转化的速率。这意味着该催化剂不仅改善了乙醇氧化的动力学，而且提高了乙醇向乙醛转化的选择性。Higuchi 等人[32]通过改进的 nemann 法合成出催化剂不同比例的 PtRhSnO$_2$/CB 催化剂，当 Pt、Rh、SnO$_2$ 的质量分数分别为 71%、4% 和 25% 时，催化剂的乙醇氧化起始电位为 0.2V，比 Pt/CB 低了 0.2V，在 0.6V 电压下进行恒压测试，电流减小的速度比 Pt/SnO$_2$/CB 低，说明 PtRhSnO$_2$/CB 催化剂的稳定性更好，且乙醇氧化生成的主产物为乙酸。总而言之，通过催化剂中多组元的协同作用不仅可进一步降低贵金属的使用量，同时也可以提高催化剂的催化性能。

直接乙醇燃料电池的催化剂研究虽然已取得了一定进展，但是其反应机理仍不明晰。目前，由于多元催化剂对乙醇电催化氧化反应的研究还处于起步阶段，有关反应机理、各组分之间的相互作用，尤其是氧化物对金属及金属合金的影响，氧化物与金属以及氧化物与合金之间"协同作用"仍缺乏直接的实验数据，因此，研究开发新型多元复合催化剂，明确其对乙醇的催化氧化过程及作用机理，可为开发高效低成本新型直接乙醇燃料电池催化剂提供一定的理论基础。

2.2.4 非 Pt 催化剂

阻碍燃料电池广泛应用的一个主要问题就是催化剂中 Pt 含量较高，致使电池成本较高。因此，研究者们开发了钯（Pd）、铱（Ir）、碳化钨（WC）等用于替代 Pt。Pd 是位于铂族中的一种金属，但与 Pt 相比具有更强的正电性。研究发现，Pd 是 DEFC 中最适合的 Pt 替代品。虽然与 Pt 相比，Pd 在酸性介质中的催化性能较低，但在碱性介质中表现出优异的性能。就价格而言，Pd 的价格相对较低，这便降低了实验和研究的成本[33]。对 Pd 研究一般是在有高浓度 OH⁻ 的电解质中进行。与 Pt 基催化剂相似，乙醇于 Pd 基催化剂的表面吸附氧化形成了 Pd-CO，然后 CO$_{ads}$ 解吸并氧化成 CO$_2^{[34]}$。Annukka 等人[35]研究了 Pt 和 Pd 在不同燃料（甲醇，乙醇）中的催化性能。据观察，在相同的试验参数下，Pt 对甲醇的氧化性能更好，而 Pd 在碱性介质中表现出对乙醇更优异的氧化性能。

Cao 等人[36]选择使用 Ir 作为乙醇氧化的催化剂。发现在线性扫描测试中，经过一段时间后电流密度出现了较大幅度的降低。结果表明，与 Pt 类似，Ir 也易受 CO_{ads} 中毒的影响。然而研究发现，在添加助催化剂 Sn 后，Ir 的催化活性出现显著改善。Cao 发现 IrSn 对乙醇的催化活性与 PtSn 相仿，可以说，Ir 拥有与 Pt 相似的表面活性位点，因此，Ir 是替代 Pt 的理想选择之一。

Oh 等人[37]使用碳化钨作为乙醇氧化的催化剂。结果发现，在 CV 测试中，WC 显示与钯相似的结果。Oh 表示添加 WC 作为 Pd 的助催化剂将大大改善 EOR，因为电化学表面活性面积（ECSA）随其添加量的增加而增大。

2.3　添加剂 CeO_2 的制备方法

研究发现，金属氧化物能够与贵金属可以形成协同效应，在低电位下金属氧化物易发生水解，提供大量含氧基团，促进中间产物进一步被氧化，从而提高催化剂催化效率。CeO_2 作为助催化剂加入，使电催化剂加快了乙醇向乙醛转化以及之后向 CO_2 转化的反应速率，减小了乙醇向乙酸转化的反应速率。这意味着该催化剂不仅改善了乙醇催化氧化的动力学过程，还提高了乙醇向乙醛转化的选择性。CeO_2 加入催化剂中，还能对乙醇反应产生的中间物种 CO_{ads} 产生良好的抑制作用。研究表明，CeO_2 的形貌、比表面积等微观结构对催化剂的抗毒性和活性起着决定性作用。目前，国内外研究者合成具有良好表面性质 CeO_2 常用的方法有：溶胶—凝胶法、沉淀反应法和水热反应法。

2.3.1　溶胶—凝胶法

溶胶—凝胶法[38,39]是将盐类物质均匀分散在溶剂中，形成透明溶液，经加热充分搅拌反应后得到胶状物，通过进行高温煅烧，去除残留的有机物，最终得到颗粒分散良好的纳米 CeO_2 粉体。溶胶—凝胶法可得到颗粒均一、杂质少的粉体材料。Phonthammachai 等人[40]采用溶胶—凝胶法制备具有高比表面的立方相 CeO_2，通过对制备过程参数的探究，制备比表面积为 $180m^2/g$ CeO_2 的最佳参数为 HCl∶醇盐（摩尔比）= 0.8∶1.55，产物在 400℃下煅烧 1h。Isasi 等人[41]分别采用溶胶—凝胶法和 PMMA 模板法制得 $Ce_{0.95}Zr_{0.05}O_2$ 纳米粉体，两种制备方法得到的材料颗粒大小分别为：45~50nm 和 46~49nm，比表面积分别为 $90m^2/g$ 和 $56m^2/g$。溶胶凝胶法又是制备纳米 CeO_2 的一种常用方法。纳米 CeO_2 具有高纯度、优质的表面形貌、水溶性好。但其整个反应过程复杂，耗时长，粒子团聚严重，其经济效益并不出众。

2.3.2　沉淀反应法

沉淀反应法[42,43]是在反应溶液中加入合适的沉淀剂（OH^-、CO_3^{2-}、NH_4^+），使反应物里面的离子析出，再经过抽滤、干燥、研磨后合成所需要的纳米粉体。它的不足在于中间产物含有氮物质，粉体在干燥时易发生团聚。Chen 等人[44]采用沉淀法制备纳米 CeO_2 材料，探讨焙烧温度对其晶粒生长的影响。结果显示，CeO_2 是均匀的面心立方结构；CeO_2 的晶粒尺寸随焙烧温度增加从 12nm 增加到 47nm；CeO_2 生长的活化能在 pH＝8 时为 17.5kJ/mol，在 pH＝9 时为 16.0kJ/mol。Wang 等人[45]通过共沉淀法合成了分散良好的花状和球状 CeO_2，发现花状 CeO_2 有利于氧空位的形成，从而具有更高的氧迁移率。结果表明，制备含有大量氧空位的 CeO_2 可采用改变其形貌来满足。该方法使用设备简单、工艺过程容易控制、产物纯度较高、易于商业化，但在反应过程中容易导致粒子团聚，最终使制备合成的 CeO_2 分散性很差。

2.3.3 水热反应法

水热反应法[46,46]是在密闭的反应釜内，以水为溶剂，以高压反应环境为前提，在加热炉中进行水热反应后，制得纳米颗粒均匀、纯度高、形貌可控的粉体材料。但晶体的生长都在内部进行，不能跟踪观察反应过程。Chen 等人[48]将 1.48mol 的 $CoSO_4 \cdot 7H_2O$ 和 0.74mol 的 $(NH_4)_2S_2O_8$ 溶于 13mL 的去离子水中，待形成均匀的混合溶液后倒入高压反应釜进行水热反应，反应结束后抽滤洗涤、干燥，将所得产物与 $Ce(NO_3)_3 \cdot 6H_2O$ 用上述合成方法在 180℃下水热反应 24h，得到 CeO_2 空心球。Tok 等人[49]等分别以 $Ce(CO_3)_3 \cdot 3H_2O$ 和 $Ce(NO_3)_3 \cdot 6H_2O$ 为原料，并将溶液分别调到 pH＝10 和 pH＝4 时，在 250℃时水热反应 6h，得到晶粒尺寸为 6nm 和 15nm 的 CeO_2。陈建君等人[50]将 $C_6H_{18}N_4$ 添加到 $Ce(NO_3)_3 \cdot 6H_2O$ 溶液中，80℃水热反应 48h，可制得粒径为 13nm 的球形 CeO_2。Zhang 等人[51]将 $Ce(OH)CO_3$ 溶解于乙醇：水（体积比）＝10：1 中，待溶液变为酒红色，将其转入高压反应釜中，180℃水热 10h，500℃焙烧 5h，即可得到粒径宽度约为 10mm、厚度小至 10nm 的花状 CeO_2。该法可以得到纯度更高、分散性更好的纳米氧化物，工艺简单，合成效率高，且对环境污染小、能耗少。水热法可以合成高比表面积的、高纯度、均匀性较高的 CeO_2。

2.4 直接乙醇燃料电池催化剂的制备方法

直接乙醇燃料电池的电催化剂仍以贵金属担载为主，但贵金属资源匮乏，价格昂贵，为了提高贵金属的利用率，常将活性组分高分散地担载在高比表面积的载体上。催化剂的制备方法是获得高性能催化剂的关键环节，催化剂的活性取决于催化剂的组成、形貌和粒径，先进的制备方法是控制催化剂性能参数的关键。因此，催化剂的制备方法对于高性能的直接乙醇燃料电池非常重要。在此背景下，许多研究小组致力于开发高效的纳米结构催化剂的合成方法，目的是获得金属分布均匀、粒径小、催化活性高的材料，常用的催化剂制备方法包括以下几种：

2.4.1　浸渍还原法

浸渍还原法采用 HCHO 作为还原剂，通过还原 H_2PtCl_6 得到 Pt 粒子，是现在常用的制备负载型贵金属催化剂的方法。制备过程如下：首先将 Pt 的前驱体 H_2PtCl_6 与炭载体混合，在超声波清洗机中超声一段时间，然后放在磁力搅拌器上搅拌充分，随后调节溶液的 pH 值，在特定的温度下加入还原剂 $NaBH_4$、甲醛、甲酸、水合肼等，使反应充分。此时 H_2PtCl_6 被充分还原成 Pt 纳米粒子，并且负载在炭载体上。最终还原得到催化剂经过抽滤、真空干燥得到。其中最具代表性的是 Kaffer 法和 Brown 法[52]。

2.4.2　溶胶—凝胶法

溶胶—凝胶法适用于大量制取金属 Pt 的方法，其原理主要是将 Pt 溶胶附着到炭载体上。Zhou Z H 等人[53]调整胶体法合成路线制备了高 Pt 载量的 Pt/XC-72 阴极催化剂（质量分数为 40%），Pt 粒子的平均粒径为 3.6nm，其电催化活性高于相同载量的 Johnson Matthey 公司生产的 Pt/C 催化剂。胶体法的优点是：制备出的催化剂金属粒子小且粒径分布窄；可应用于制备各种不同化学组成的合金电催化剂。胶体法的缺点是：反应条件较为苛刻，制备过程复杂，仅适合于小规模的实验室研究；使用的溶剂如 THF 等毒性较大；产物中含有一定的杂质成分，性能受到一定程度的抑制。

2.4.3　电化学沉积法

Rauber 等人[54]通过恒电位电化学沉积法，制备了非负载型纳米线网状 Pt 催化剂。测试表明，相对于 Pt/C 二元催化剂，纳米网状 Pt 基催化剂催化效果和稳定性良好。Morimoto 等人[55]用同样的方法制备得 Pt、Pt-Ru 和 Pt-Sn 催化剂，得到二元催化剂相比于 Pt 催化剂有较好的抗 CO 毒化能力。Massong 等人[56]利用欠电位沉积技术把 Sn、Bi 粒子负载到 Pt 粒子的各个晶面上，发现在 Pt（111）上的 Sn 粒子具有较低的氧吸附能力。

2.4.4　微波加热法

微波加热法由于具有操作简单、效率高、反应速度快、时间短以及反应易于控制等优点，被广泛应用于电催化剂的制备。该法还可促进金属前驱体的快速还原，并可方便地控制纳米粒子的粒径。微波辅助加热法所使用的还原剂一般为醇类，其在加热过程中能够产生氧化物质，可起到稳定纳米粒子和防止金属团聚的作用。小链醇的氧化是通过分子中的羟基与金属离子之间的相互作用发生的，金属离子被还原成金属粒子，且形成的羰基和羧基物种吸附在粒子表面，促进其稳定，防止团聚，最终形成纳米颗粒。在醇类中，乙醇可用作还原剂，其在微波辅助加热下会氧化形成乙醛和乙酸，乙醛和乙酸是稳定物质。当使用乙二醇作为还原剂时，其氧化产物同样为乙醛和乙酸，其中，乙醛可作为还原剂，乙酸可作为稳定剂。Song 等人[57]使用脉冲—微波辅助合成了高分散高负载的 Pt 基电催化剂。在催化剂制备过程中，还原过程耗时短，工艺简单、效率高，且所制备的催化剂对催化氧化反应的电催化活性也较高。

2.5 影响催化剂活性的因素

2.5.1 尺寸效应

乙醇的电催化氧化在催化剂和参与反应的分子的界面上发生，Pt 纳米粒子的尺寸越小，比表面积越大，可供反应的催化位点就越多，但是粒子尺度越小，铂表面原子对中间物的吸附能力增强，使其不易脱附。因此对于大部分的电催化反应（如氧还原、甲醇和乙醇氧化等），比活性存在着一个最佳尺寸。如文献[58]表明，在热的磷酸和硫酸溶液中研究氧还原时发现，Pt 纳米粒子小到一定尺度后，继续减小粒子的尺寸，催化剂的性能并不能进一步提高。文献[59]采用等离子溅射技术将粒子分散到膜上研究其对甲醇的电催化氧化活性，对于粒径为 1~20nm Pt 微粒，当尺寸是 5nm 左右时，催化剂的电化学活性最佳。

对于乙醇的电催化氧化，催化剂铂纳米粒子存在着一个最佳尺寸分布，太大或太小都会影响其催化性能，这和乙醇电氧化的机理有关。乙醇电氧化反应的速度控制步骤是乙醇解离吸附的中间物种与活性的 Pt—OH 之间的反应，因此在反应过程中，催化剂表面必须具有一定数量和合适比例的中间吸附物种和 OH 基团。当 Pt 纳米粒子中 0 价 Pt^0 含量越高时，对乙醇的解离吸附越有利，从而乙醇的电催化氧化活性越高。当 Pt 粒子太小时，0 价 Pt^0 含量就会减少，乙醇在低电位区的解离吸附能力会降低，催化剂的电催化活性也随之降低。反之，当 Pt 纳米粒子的粒径太大时，比表面积会减小，其表面的活性位点也相应较少，因而降低了吸附态中间物种和含氧基团总表面覆盖度，最终导致乙醇在催化剂上的电催化活性降低。唐亚文和马国仙等人利用有机溶胶方法制备了不同粒径的 Pt/C 催化剂（2~5nm），XPS 研究表明，随着 Pt 金属粒子的粒径减小，其 0 价 Pt^0 含量逐渐降低；电化学研究表明，对于乙醇的电催化氧化，Pt/C 催化剂存在着明显的粒径效应。当粒子粒径为 3.2nm 时，催化剂对乙醇电催化氧化的活性最佳，该粒径效应与 Pt^0 含量和比表面积随粒径变化有关。

2.5.2　载体效应

降低贵金属催化剂的用量，提高催化剂的活性、稳定性和利用效率成为燃料电池催化剂研究的主要目标，其中电催化剂的载体对电催化活性和稳定性有很大的影响，目前研究比较多的主要为炭载体。炭载体一方面能降低铂的用量，作为一种惰性的支撑材料将 Pt 纳米粒子固定在其表面，并将 Pt 粒子物理地分开，避免它们因团聚而使其性能降低。另一方面，炭载体和 Pt 催化剂之间的相互作用也影响了 Pt 的催化活性，炭载体能够通过修饰催化剂表面的电子状态，使催化剂中的各物质产生协同作用，而提高催化剂的活性和稳定性。现在用的炭载体有很多种，包括活性炭、炭黑、碳纳米纤维、有序介孔碳、碳纳米管以及石墨烯等。目前大量的研究都采用 Cabot 公司的 XC-72 活性炭作为载体制备催化剂。该活性炭由几十纳米大小的球碳组成，导电性好，比表面积适中（约 $250m^2/g$），对传质不利的微孔（小于 2nm）含量较少。此外，为了改善炭载体的表面性质（如提高亲水性和表面位点促进催化剂的分散以及催化剂和载体间的相互作用），在催化剂合成之前，通常对炭载体进行表面修饰、氮掺杂、微孔扩大或破坏等预处理，使表面带有一些功能性的官能团（如—OH、—COOH、—NH_3 等）和缺陷位。常见的处理方法包括热处理、氧化处理、磺酸化处理以及氧处理等[60]。

2.5.3　合金效应

当 Pt 与其他金属形成合金后，由于金属原子结构不同，外系金属的加入会改变 Pt 原子的电子结构和几何结构，而这种电子效应和应力效应会改变金属与中间产物如 CO 以及含氧物种—OH 之间的相互作用力，从而影响乙醇氧化的反应活性以及选择性。

Adzic 等人[61]研究了与其他基底金属形成 Pt 的单层结构对乙醇的催化情况，研究表明基底与铂产生拉应力（基底金属原子直径大于 Pt 原子直径）时会使 Pt 的 d 带中心正移，从而增强了—OH、CO 等吸附物种与 Pt 之间的相互作用力，使其对乙醇电氧化的催化活性升高，红外研究结果表明大部分产物基本上还是乙酸；反之，当基底使铂产生压应力（基底金属原子直径小于 Pt 原子直径）时，催化剂对乙醇电氧化活性降低。

2.5.4　晶面取向

乙醇电催化氧化反应机理与电极催化剂结构和材料有密切关系。众所周知，乙醇电催化氧化是一个结构敏感反应，不同的晶面对 C—C 键的断裂所起的作用不同。大多数情况下，尤其是在 Pt（111）晶面以及多晶 Pt 表面上，乙醇氧化第一步的脱氢吸附经过羟基—OH 的断裂，而这样一种吸附方式很容易使乙醇经过

4电子途径氧化生成乙酸。纳米粒子的生长和形态受能量的影响，始终遵循最小化表面能的概念。所有贵金属均以面心立方结构（FCC）结晶，表面能随着方向 γ{111}、γ{110}、γ{100} 增大。Pt（100）电极在低电位正向扫描时的低反应性主要是 CO 在电极表面上吸附的结果。另一方面，Pt（111）电极上的 CO 形成几乎可以忽略不计，乙醛和乙酸是其氧化的主要产物，而 Pt（110）的性能及产物介于 Pt（100）和 Pt（111）之间。Sun 等人[62]使用方波电位法制备了暴露 {730} 等高指数晶面的 Pt 二十四面体，发现其对甲酸、乙醇电氧化的催化活性明显优于 Pt 纳米球和商业 Pt/C 催化剂，Pt 二十四面体上甲酸的氧化电流密度是 Pt/C 催化剂的 2.0~3.1 倍，乙醇的氧化电流密度是 Pt/C 催化剂的 2.5~4.6 倍。

图 2.3 所示为金属 Pd、Pt、Ru 和 Mo 的能带结构图。不同金属的费米能相差较大，且同一晶面上态密度也有较大差别，如金属 Pt 与邻近金属 Ru 和 Mo 的

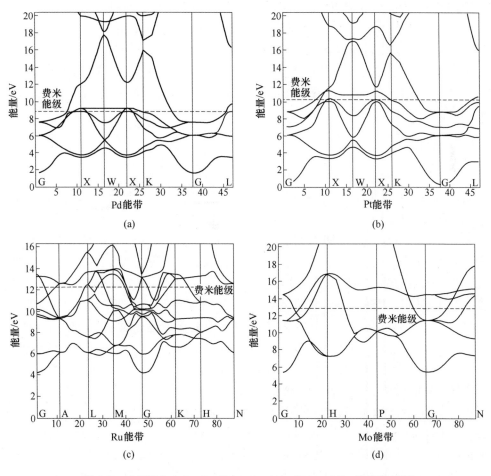

图 2.3　金属 Pd（a）、Pt（b）、Ru（c）和 Mo（d）能带结构图

态密度明显不同，与金属 Pd 的态密度几乎一致，在费米能级附近，能带变化比较平缓，且宽度小，对应的态密度就比较高，表明它们的催化性能比较好，特别是在（111）和（100）方向上，态密度更比其他方向都高，说明其催化作用在（111）和（100）晶面上比较强。Markovic 等人[63]研究表明 PEMFC 电极 Pt 上的氧化还原反应是结构敏感的反应，Pt（111）和（100）是氧化还原反应的活性点，在粒径不同的颗粒及不同晶面上 O_2 的吸、脱附情况是不同的。在硫酸介质中，金属 Pt（100）晶面是氧化还原的主要电催化活性点，它的活性高于 Pt（111）晶面，而在 PEMFC 介质中，则刚好相反，Pt（111）晶面是氧化还原的主要电催化活性点。

目前，Colmati 等人[64]采用电化学和 FTIR 技术探究了乙醇在酸性环境中阶梯 Pt 单晶电极表面的氧化。研究结果表明：（110）晶面在乙醇氧化中具有双重作用：当电势低于 0.7V 时，（110）晶面能够促进 C—C 键的断裂同时也能够氧化吸附物种 CO；当电势更高时，不仅能够使 C—C 断裂，而且能够作为氧化乙酸和乙醛的催化剂，并用于研究乙醇的电催化剂行为。Han 等人[65]以铁离子和 PVP 作为动力学控制剂和催化剂稳定剂，通过多元醇法制备出了具有（100）晶面的立方体 Pt 催化剂。与多晶 Pt 催化剂相比，立方体 Pt 催化剂对乙醇氧化具有较低的起始氧化电位和较高的氧化电流，这就预示着立方体 Pt 催化剂对乙醇具有更高的催化活性。

2.5.5　表面缺陷

最新研究表明，表面缺陷，即原子台阶和低配位数的扭结（CN<8），对简单有机燃料分子的氧化反应，表现出很高的催化活性。当相邻位面上的原子全部处于相应指数的几何平面上时，在距离表面一定深度区间的表面层内，晶格结构将会发生较大的畸变，从而使表面能增加，而如果相邻位面由几何平面变为台阶面，则表面层中晶格畸变将会消失，从而降低表面能，所以处在台阶处的原子将会是优先吸附的部位和催化活性中心。Zhou 等人[66]以炭黑为载体，制备出高密度表面缺陷的 Pt 基催化剂，实验结果表明其产生的 CO_2，比普通商业 Pt/C 催化剂高出 2 倍。Mao 等人[67]在纳米尺度上制备出表面缺陷丰富的 Pt-M（M = Cu、Fe、Zn 等）催化剂，由于高度密集的低配位原子，如台阶、边缘和扭结的原子，增加了催化剂活性表面积，从而提高催化剂催化效率。文献[68]以金属为载体，采用热还原法制备了表面氧空位缺陷的 Pt/TiO_2 催化剂，研究表明其对 CO_2 的选择性较高，有着优异的催化性能。文献[69]等采用原位表面氧化法，制备出表面富含缺陷的 Pt_2-SnCu-O-A/C 催化剂，由于 Pt 表面缺陷与 SnO_2 的协同作用，使催化剂对乙醇具有优良的催化活性。高密度表面缺陷的 Pt 基催化剂对 CO_2 的选择性更高，有利于促进 C—C 键的裂解，从而提高 Pt 基催化剂催化氧化活性。

2.6　催化剂载体研究现状

催化剂是燃料电池阳极和阴极反应的主要驱动因素。催化剂的比表面积（SSA，即每克的实际催化剂表面积）是影响电极反应性能的主要因素之一。为了提高 SSA 的值，催化剂必须以纳米粒子（直径 2~5nm）的形式分散在高比表面积载体（直径 10~50nm）上。电催化剂的理想载体材料应具有以下特性：（1）良好的导电性；（2）良好的催化剂—载体间的相互作用；（3）拥有较大的比表面积；（4）介孔结构，使离聚物和聚合物电解质、催化剂纳米粒子、反应物接触性良好（适当的孔隙度以使反应物和产物通量良好），即最大限度地利用三相边界（TPB）；（5）具有良好的水处理能力以避免溢流；（6）在燃料电池环境中具有良好的耐腐蚀性、高稳定性，并且易于催化剂回收。综上所述，催化剂载体能够对催化剂颗粒的尺寸产生影响，同时在催化剂和载体之间良好的相互作用下，不仅提高了催化剂的活性，还降低了催化剂的损失，控制了电荷转移，通过减少催化剂失活，有助于充分提高催化剂的性能和耐用性。

2.6.1　碳纳米管

碳纳米管（CNTs）由于其优异的机械和电子特性被认为是纳米材料中重要的一员。由于具有纳米尺寸、高比表面积和良好的导电性等优点，碳纳米管（CNT）通常被认为是具有吸引力的载体材料，可进一步提高贵金属的利用率，并最终提高燃料电池的性能。Zhu 等人[70]通过 $NaBH_4$ 还原法合成了碳纳米管负载的 Pd/CNTs、PdCu/CNTs、PdSn/CNTs 和 PdCuSn/CNTs 催化剂，物理表征显示催化剂粒子均匀的分散于碳纳米管表面。Lin 等人[71]在 CNTs 表面上沉积了 Pt/Ru 纳米颗粒。通过 CV、LSV、CA 和 EIS 的电化学研究表明，Pt-Ru/CNTs 催化剂具有对甲醇电催化氧化的高活性。高催化活性归因于 CNTs 的大表面积和甲醇氧化过电位的降低。

2.6.2　石墨烯

石墨烯基二维碳材料具有良好的导电性能、高的表面体积比、优良的化学及机械稳定性、超薄厚度和结构柔性等优点，且石墨烯表面含有丰富的氧官能团，可以有效地分散金属纳米粒子，并可以去除积累的碳质物质（如CO），因此可提高催化剂的催化性能。因此，石墨烯被认为是燃料电池电催化剂优良的载体材料。Duan 等人[72]等采用一锅水热法成功合成了 RGO 负载的 PtCo 纳米球催化剂。与商业 Pt/C 催化剂相比，PtCo/RGO 催化剂对甲醇氧化具有更好的抗毒性和催化活性，将其归因于双金属合金中 Pt 和 Co 之间的协同效应，及 RGO 较大的比表面积，提高了 ECSA。Chen 等人[73]采用一锅法制备了 RGO 负载的 PtCu 纳米粒子。与 PtCu/XC-72 相比，负载在 RGO 上的 PtCu 纳米粒子在甲醇氧化反应中表现出更强的电催化活性。Pt 和 Cu 组分的独特结构、协同效应以及 RGO 独特的结构和更优异的电输运性能是提高甲醇氧化反应性能的重要原因。

2.6.3　功能性掺杂的石墨烯

虽然石墨烯是负载金属纳米粒子的一种有吸引力的载体，但是对石墨烯进行功能性掺杂会进一步带来一些益处。最近有报道显示，将 N、B 等杂原子掺杂进入石墨烯晶格中，可以有效地调整其固有的电子特性。例如，由于 N 掺杂对其相邻碳原子的影响，N 掺杂石墨烯（NG）与原始石墨烯相比显示出不同的自旋密度和电荷分布。N 掺杂在石墨烯表面引入"活化区"，其可以直接参与催化反应，并锚定金属纳米粒子，增加金属纳米粒子的分散度，提高催化剂的催化性能。Panchakarla 等人[74]向石墨烯中掺杂了 B 及 N 元素。拉曼光谱测试结果表明，所合成的 BGS 和 NGS 具有 p 型和 n 型半导体性质，且可通过调节 B 和 N 的浓度来调节该性质。该催化剂在半导体器件中存在潜在的应用。Xu 等人[75]通过一种简便的热固态法合成了掺杂 B 和 N 的石墨烯作为燃料电池氧化还原反应的催化剂。含 N 和 B 官能团的引入可以调节石墨烯的电子结构，并改变其氧化还原反应活性。同时，热固态反应条件对掺杂 N、B 石墨烯的 ORR 性能具有很大影响。NG 700 和 BG 700 样品具有较好的催化性能和电化学稳定性，有望成为燃料电池 ORR 的高效无贵金属电化学催化剂。

参 考 文 献

[1] Achmad F, Kamarudin S K, Daud W R W, et al. Passive direct methanol fuel cells for portable electronic devices [J]. Applied Energy, 2011, 88 (5): 1681~1689.

[2] Wang L W, Zhang Y F, An Z J, et al. Non-isothermal modeling of a small passive direct methanol fuel cell in vertical operation with anode natural convection effect [J]. Energy, 2013, 58 (9): 283~295.

[3] 黄志忠. 碳载高指数晶面结构铂纳米晶体的合成及其电催化性能研究 [D]. 厦门: 厦门大学, 2009.

[4] 张兵, 钟起玲, 章磊, 等. 乙醇电氧化的研究进展 [J]. 江西化工, 2003 (2): 16~20.

[5] Rodes A, Pastor E, Iwasita T. An FTIR study on the adsorption of acetate at the basal planes of platinum single-crystal electrodes [J]. Journal of Electroanalytical Chemistry, 1994, 376 (1~2): 109~118.

[6] Colmati F, Tremiliosi-Filho G, Gonzalez E R, et al. Surface structure effects on the electrochemical oxidation of ethanol on platinum single crystal electrodes [J]. Faraday Discussions,

2009, 140, 379~397.

[7] Colmati F, Tremiliosi-Filho G, Gonzalez E R, et al. The role of the steps in the cleavage of the C—C bond during ethanol oxidation on platinum electrodes [J]. Phys. Chem. Chem. Phys. , 2009, 11 (40): 9114~9123.

[8] Purgato F L S, Olivi P, Leger J M, et al. Activity of platinumtin catalysts prepared by the Pechini-Adams method for the electrooxidation of ethanol [J]. J. Electroanal. Chem, 2009, 628 (1~2): 81~89.

[9] Tarnowski D J, Korzeniewski C. Effects of surface step density on the electrochemical oxidation of ethanol to acetic acid [J]. J. PHys. Chem. B, 1997, 101 (2): 253~258.

[10] Zhao X S, Li W Z, Jung L H, et al. Multi-wall carbon nanotube supported Pt-Sn nanoparticles as an anode catalyst for the direct ethanol fuel cell [J]. Carbon, 2004, 42 (15): 3263~3265.

[11] Lamy C, Lima A, LeRhun V, et al. Recent advances in the development of direct alcohol fuel cells (DAFC) [J]. J. Power Sources, 2002, 105 (2): 283~296.

[12] Lmy C, Rousseau S, Belgsir E M, et al. Recent progress in the direct alcohol fuel cell development of new platinumtin electrocatalysts [J]. Electrochimical. Acta, 2004, 49 (22~23): 3901~3908.

[13] Arico A S, Creti P, Antonucci P L, et al. Comparison of ethanol and methanol oxidation in a liquid-feed solid polymer electrolyte fuel cell at high temperature [J]. Electrochem. Solid-State Lett. , 1998, 1 (2): 66~68.

[14] 周卫江. 低温直接醇类燃料电池阳极催化剂研制 [D]. 大连: 中国科学院大连化学物理研究所, 2003.

[15] Kavanagh R, Cao X M, Lin W F, Hardacre C, Hu P. Origin of Low CO_2 selectivity on platinum in the direct fuel cell [J]. Angewandte Chemie International Edition, 2012, 51: 1572~1575.

[16] 张新卫, 直接乙醇燃料电池新型阳极催化剂的研究 [D]. 北京: 北京交通大学, 2011.

[17] Li M, Luo Y, Xu W J, et al. DMFC anode catalyst Fe_3O_4@ Pt particles: synthesis and catalytic performance [J]. Journal of Inorganic Materials, 2017, 9 (32): 917~921.

[18] Simões F C, Anjos D M D, Vigier F, et al. Electroactivity of tin modified platinum electrodes for ethanol electrooxidation [J]. J. Power Sources, 2007, 167 (1): 1~10.

[19] Waszczuk P, Lu G Q, Wieckowski A, et al. UHV and electrochemical studies of CO and methanol adsorbed at platinum/ruthenium surfaces, and reference to fuel cell catalysis [J]. Electrochimical. Acta, 2002, 47 (22~23): 3637~3652.

[20] Kowal A, Li M, Shao M, et al. Ternary Pt/Rh/SnO_2 electrocatalysts for oxidizing ethanol to CO_2 [J]. Nature Materials, 2009, 8 (4): 325~330.

[21] Anderson A B, Grantscharova E, Seong S. Systematic theoretical study of alloys of platinum for enhanced methanol fuel cell performance [J]. Journal of the Electrochemical Society, 1996, 143 (6): 2075~2082.

[22] Feng L G, Yang J, Hu Y, et al. Electrocatalytic properties of PdCeO$_x$/C anodic catalyst for formic acid electrooxidation [J]. International Journal of Hydrogen Energy, 2012, 37 (6): 4812~4818.

[23] Bai Y X, Wu J J, Xi J Y, et al. Electrochemical oxidation of ethanol on Pt-ZrO$_2$/C catalyst [J]. Electrochemistry Communications, 2005, 7 (11): 1087~1090.

[24] Song H Q, Qiu X P, Li F S. Promotion of carbon nanotube-supported Pt catalyst for methanol and ethanol electro-oxidation by ZrO$_2$ in acidic media [J]. Applied Catalysis A: General, 2009, 364 (1~2): 1~7.

[25] Scibioh M A, Kim S K, Cho E A, et al. Pt-CeO$_2$/C anode catalyst for direct methanol fuel cells [J]. Applied Catalysis B: Environmental, 2008, 84 (3~4): 773~782.

[26] Zhou Y, Gao Y F, Liu Y C, et al. High efficiency Pt-CeO$_2$/carbon nanotubes hybrid composite as an anode electrocatalyst for direct methanol fuel cells [J]. Journal of Power Sources, 2010, 195: 1605~1609.

[27] Masuda T, Fukumitsu H, Fugane K, et al. Role of cerium oxide in the enhancement of activity for the oxygen reduction reaction at Pt-CeO$_x$ nano-composite electrocatalyst-an in situ electrochemical X-ray absorption fine structure study [J]. Journal of Physical Chemistry C, 2012, 116: 10098~10102.

[28] Lin R, Cao C H, Zhang H Y, et al. Electro-catalytic activity of enhanced CO tolerant cerium-promoted Pt/C catalyst for PEM fuel cell anode [J]. International Journal of Hydrogen Energy, 2012, 37 (5): 4648~4656.

[29] Zhu M Y, Sun G Q, Yan S Y. Preparation, structural characterization, and activity for ethanol oxidation of carbon-supported PtSnIn catalyst [J]. Energy & Fuels, 2009. 23 (1): 403~407.

[30] 孙洪岩, 赵莲花, 余凤春. 直接乙醇燃料电池阳极催化剂 Pt-Ir-SnO$_2$/C 的制备与表征 [J]. 物理化学学报, 2013, 29 (5): 959~965.

[31] Ito Y, Takeuchi T, Tsujiguchi T, et al. Ultrahigh methanol electro-oxidation activity of PtRu nanoparticles prepared on TiO$_2$-embedded carbon nanofiber support [J]. J. Power Sources, 2013, 242: 280~288.

[32] Higuchi E, Takase T, Chiku M, et al. Preparation of ternary Pt/Rh/SnO$_2$ anode catalysts for use in direct thanol fuel cells and their electrocatalytic activity for ethanol oxidation reaction [J]. J. Power Sources, 2014. 263: 280-288.

[33] Zhang Z, Xin L, Sun K, et al. Pd-Ni electrocatalysts for efficient ethanol oxidation reaction in alkaline electrolyte [J]. International Journal of Hydrogen Energy, 2011, 36 (20): 12686~12697.

[34] Su P C, Chen H S, Chen T Y, et al. Enhancement of electrochemical properties of Pd/C catalysts toward ethanol oxidation reaction in alkaline solution through Ni and Au alloying [J]. International Journal of Hydrogen Energy, 2013, 38 (11): 4474~4482.

[35] Annukka S A, Youngkook K, Elisabet A, et al. Comparison of methanol, ethanol and iso-

propanol oxidation on Pt and Pd electrodes in alkaline media studied by HPLC [J]. Electro-chemistry Communications, 2011, 13 (5): 466~469.

[36] Cao L, Sun G, Li H, et al. Carbon-supported IrSn catalysts for a direct ethanol fuel cell [J]. Electrochemistry Communications, 2007, 9 (10): 2541~2546.

[37] Oh Y, Kim S K, Peck D H, et al. Improved performance using tungsten carbide/carbon nano-fiber based anode catalysts for alkaline direct ethanol fuel cells [J]. International Journal of Hydrogen Energy, 2014, 39 (28): 15907~15912.

[38] 樊小伟, 梁小平, 王荣涛. 溶胶—凝胶法制备纳米 CeO_2 晶体 [J]. 化工新型材料, 2008, 36 (9): 79~81.

[39] Dong W X, Zhao G L, Shi M Y, et al. Low temperature systensis of vanadium pentoxide nano-crystalliness by sol-gel method [J]. Rare Metal Materials and Engineering, 2012, 41 (S3): 92~94.

[40] Phonthammachai N, Rumruangwong M, Gulari E, et al. Synthesis and rheological properties of mesoporous nanocrystalline CeO_2 via sol-gel process [J]. Colloids & Surfaces A Physico-chemical & Engineering Aspects, 2004, 247 (1~3): 61~68.

[41] Isasi J, Pérez M, Castillo J F, et al. Preparation and characterization of $Ce_{0.95}Zr_{0.05}O_2$, nan-opowders obtained by sol-gel and template methods [J]. Materials Chemistry & Physics, 2012, 136 (1): 160~166.

[42] Abbas F, Jan T, Iqbal J, et al. Inhibition of Neuroblastoma cancer cells viability by ferromag-netic Mn doped CeO_2 monodisperse nanoparticles mediated through reactive oxygen species [J]. Materials Chemistry & Physics, 2016, 173: 146~151.

[43] Mcguire N E, Kondamudi N, Petkovic L M, et al. Effect of lanthanide promoters on zirconia-based isosynthesis catalysts prepared by surfactant-assisted coprecipitation [J]. Applied Catalysis A General, 2012, (429~430): 59~66.

[44] Chen J C, Chen W C, Tien Y C, et al. Effect of calcination temperature on the crystallite growth of cerium oxide nano-powders prepared by the co-precipitation process [J]. Journal of Alloys & Compounds, 2010, 496 (1~2): 364~369.

[45] Wu H J, Wang L D. Shape effect of microstructured CeO_2, with various morphologies on CO catalytic oxidation [J]. Catalysis Communications, 2011, 12 (14): 1374~1379.

[46] Zhang R J, Liu H M, He D H. Pure monoclinic ZrO_2, prepared by hydrothermal method for isosynthesis [J]. Catalysis Communications, 2012, 26 (35): 244~247.

[47] Xu N, Ye J W, Tang Y B, et al. Solvent assisted morphology-controlled synthesis of CeO_2, micro/nanostructures [J]. Materials Letters, 2012, 82 (9): 199~201.

[48] Chen C H, Abbas S F, Morey A, et al. Controlled synthesis of self-assembled metal oxide hol-low spheres via tuning redox potentials: Versatile nanostructured cobalt oxides [J]. Advanced Materials, 2008, 20 (6): 1205~1209.

[49] Tok A I Y, Boey F Y C, Dong Z, et al. Hydrothermal synthesis of CeO_2, nano-particles [J]. Journal of Materials Processing Technology, 2007, 190 (1~3): 217~222.

［50］陈建君，邓慧芳，王尚平，等. 纳米二氧化铈的低温水热一步法合成［J］. 材料导报，2009，23（s1）：145~146.

［51］Zhang Y L, Kang Z T, Dong J, et al. Self-assembly of cerium compound nanopetals via a hydrothermal process: Synthesis, formation mechanism and properties［J］. Journal of Solid State Chemistry, 2006, 179（6）：1733~1738.

［52］Hoster H, Iwasita T, Baumgartner H, et al. Current-time behavior of smooth and porous PtRu surfaces for methanol oxidation［J］. Journal of the Electrochemical Society, 2001, 148（5）：A496~501.

［53］Zhou Z H, Wang S L, Zhou W J, et al. Novel synthesis of highly active Pt/C cathode electrocatalyst for direct methanol fuel cell［J］. Chemical Communications, 2003, 7（3）：394~395.

［54］Rauber M, Alber I, Miiller S, et al. Highly-ordered supportless three-dimensional nanowire networks with tunable complexity and interwire connectivity for device integration［J］. Nano Letters, 2011, 11（6）：2304~2310.

［55］Morimoto Y, Yeager E B. CO oxidation on smooth and high area Pt, Pt-Ru and Pt-Sn electrodes［J］. Journal of Electroanalytical Chemistry, 1998, 441（1~2）：77~81.

［56］Massong H, Tillmann S, Langkau T, et al. On the influence of tin and bismuth UPD on Pt（111）and Pt（332）on the oxidation of CO［J］. Electrochimica Acta, 1998, 44（8-9）：1379~1388.

［57］Song S, Wang Y, Shen P K. Pulse-microwave assisted polyol synthesis of highly dispersed high loading Pt/C electrocatalyst for oxygen reduction reaction［J］. Journal of Power Sources, 2007, 170（1）：46~49.

［58］Yu X, Ye S. Recent advances in activity and durability enhancement of Pt/C catalytic cathode in PEMFC: Part Ⅰ［J］. Journal of Power Sources, 2007, 172：133~144.

［59］Yu X, Ye S. Recent advances in activity and durability enhancement of Pt/C catalytic cathode in PEMFC: Part Ⅱ［J］. Journal of Power Sources, 2007, 172：145-154.

［60］唐亚文，马国仙，周益明，等. Pt/C 催化剂对乙醇电氧化的粒径效应［J］. 物理化学学报，2008，24（9）：1615~1619.

［61］Li M, Liu P, Adzic R R. Platinum monolayer electrocatalysts for anodic oxidation of alcohols［J］. The Journal of Phyical Chemistry Letters, 2012, 3：3480~348.

［62］Tian N, Zhou Z Y, Sun S G, et al. Synthesis of tetrahexahedral platinum nano-crystals with high-index facets and high electro-oxidation activity［J］. Science, 2007, 316（5825）：732~735.

［63］Markovic N, Gasteiger H, Ross P N. Kinetics of oxygen reduction on Pt（hkl）electrodes: Implications for the crystallite size effect with supported Pt electrocatalysts［J］. Electrochem. Soc., 1997, 144（5）：1591~1597.

［64］Colmati F, Tremiliosi-Filho G, Gonzalez E R, et al. The role of the steps in the cleavage of the C-C bond during ethanol oxidation on platinum electrodes［J］. Phys. Chem. Chem. Phys., 2009, 11：9114~9123.

［65］ Han S B, Song Y J, Lee J M, et al. Platinum nanocube catalysts for methanol and ethanol electrooxidation ［J］. Electrochemistry Communications, 2008, 10: 1044～1047.

［66］ Zhou Z Y, Huang Z Z, Chen D J, et al. High index faceted platinum nanocrystals supported on carbon black as highly efficient catalysts for ethanol electrooxidation ［J］. Angewandte Chemie International Edition, 2010, 49 （2）: 411～414.

［67］ Mao J , Chen Y , Pei J , et al. Pt-M （M = Cu, Fe, Zn, etc.） bimetallic nanomaterials with abundant surface defects and robust catalytic properties ［J］. Chemical Communications, 2016, 52 （35）: 5985～5988.

［68］ Mckenzie F, Humphrey J. Catalysis science & technology-celebrating a successful year ［J］. Catalysis Science & Technology, 2013, 4 （1）: 12～13.

［69］ Huang M, Wu W, Wu C, et al. Pt_2SnCu nanoalloy with surface enrichment of Pt defects and SnO_2 for highly efficient electrooxidation of ethanol ［J］. Journal of Materials Chemistry A, 2015, 3 （9）: 4777～4781.

［70］ Zhu F, Ma G, Bai Z, et al. High activity of carbon nanotubes supported binary and ternary Pd-based catalysts for methanol, ethanol and formic acid electro-oxidation ［J］. Journal of Power Sources, 2013, 242 （4）: 610～620.

［71］ Lin Y, Cui X, Yen C, et al. PtRu/carbon nanotube nanocomposite synthesized in supercritical fluid: a novel electrocatalyst for direct methanol fuel cells ［J］. Langmuir, 21 （24）: 11474～11479.

［72］ Duan W, Li A, Chen Y, et al. Amino acid-assisted preparation of reduced graphene oxide-supported PtCo bimetallic nanospheres for electrocatalytic oxidation of methanol ［J］. Journal of Applied Electrochemistry, 2019, 49 （4）: 413～421.

［73］ Chen D H, Zhao Y C, Peng X L, et al. Star-like PtCu nanoparticles supported on graphene with superior activity for methanol electro-oxidation ［J］. Electrochimica Acta, 2015, 177 （3）: 86～92.

［74］ Panchakarla L S, Subrahmanyam K S, Saha S K. Synthesis, structure, and properties of boron and nitrogen-doped graphene ［J］. Advanced Materials, 2009, 21 （46）: 4726～4730.

［75］ Xu X, Yuan T, Zhou Y, et al. Facile synthesis of boron and nitrogen-doped graphene as efficient electrocatalyst for the oxygen reduction reaction in alkaline media ［J］. International Journal of Hydrogen Energy, 2014, 39 （28）: 16043～16052.

3 合成条件 pH 值对催化剂材料 电催化性能的影响

<<<<<<<<<<<<<<<<<<<<<<<<<<<<<<<<<<<<<<<<<<<<<<<<<<<<<<<<<<<<<<<<<<<

3.1 引言

目前直接醇类燃料电池常用的阳极催化剂是 Pt/C。众所周知，金属颗粒的催化活性很大程度上取决于它们的尺寸和尺寸分布。据报道，约 3.0~4.0nm 的 Pt 颗粒对氧还原具有较高的质量电催化活性，而约 3.0nm 的 PtRu 颗粒对甲醇电氧化显示出最高的质量催化活性。因此，具有高电催化活性的金属颗粒应具有合适的尺寸。如何合成具有合适且尺寸均匀的金属颗粒，作为燃料电池的高性能催化剂是一项重要的工作，也是一项挑战。为了提高贵金属组分的利用率、分散度、活性及稳定性，通常将贵金属电催化剂负载于具有高表面积、良好导电性和可调表面化学性质的碳基载体上。石墨烯纳米片是 sp2 杂化碳原子的二维单层片，具有优异的物理性质，如高表面积（$2620m^2/g$），良好的热稳定性，优异的电子传导性，所有这些性质使得石墨烯有望成为炭黑和碳纳米管之后电化学领域的理想支撑材料[1-5]。Li 等人[6]使用硼氢化钠作为还原剂合成 Pt/GN 催化剂，他们发现甲醇电氧化的性能从 Pt/Vulcan 碳的 97mA/mg 增加到 Pt/GN 催化剂的 205mA/mg。Dong 等人[7]通过一步还原法合成 PtRu/GN，对乙醇的阳极氧化的催化活性也比 PtRu/C 催化剂提高了 150%。

虽然石墨烯已成为直接醇类燃料电池催化剂较理想的电催化载体材料，但是在催化剂合成过程中，仍存在严重的团聚，导致催化剂粒子长大，降低了催化剂的电催化氧化效率。Christina 等人[8]报道，溶液的 pH 值对 PtRu 颗粒的尺寸和均匀性及电催化性能有较大的影响，当 pH 为 9.5 时，催化剂展现出最高的甲醇催化氧化电流，约为商业催化剂的 2 倍。微波辅助乙二醇还原法由于其具有所合成催化剂粒径小且分散度高、反应速度快、反应温度控制便利等优点，被广泛应用于碳载金属催化剂的合成。目前，关于合成条件对直接醇类燃料电池催化剂的报道较少，且影响机理仍不清楚，阻碍了其应用。因此，本章以含有丰富官能团的石墨烯为载体，采用微波辅助乙二醇还原氯铂酸法合成 Pt/G 催化剂，探究乙二醇铂盐溶液的 pH 值对 Pt 粒子尺寸，均匀性及其对乙醇电催化氧化活性的影响，明确合成条件 pH 值对 Pt 基催化剂催化性能的影响机理，为开发新型高效、廉价 Pt 基催化剂用于燃料电池具有重要意义。

3.2　催化剂材料的制备工艺

取一定量乙二醇及氧化石墨烯加入烧杯中，滴入一定浓度的 H_2PtCl_6 溶液，再缓慢滴入 1mol/L 的 KOH 的乙二醇溶液（调节混合溶液 pH 值为：pH＝3、pH＝7、pH＝9、pH＝10、pH＝11、pH＝12）。超声处理 30min。随后将上述溶液微波加热到沸腾，取出冷却，此过程循环 5 次。然后磁力搅拌，抽滤，干燥，即可得到催化剂，见表 3.1。

表 3.1　不同 pH 值的 6 组催化剂

编　号	样　品	pH 值
1 号	Pt/G	3
2 号	Pt/G	7
3 号	Pt/G	9
4 号	Pt/G	10
5 号	Pt/G	11
6 号	Pt/G	12

3.3　催化剂材料的微观结构及电催化性能

3.3.1　pH 值对催化剂物相的影响

图 3.1 所示为六组催化剂的 XRD 图谱，由图可知，所有催化剂均在 23.7°处出现了一个宽的衍射峰，其对应于石墨烯的（002）晶面，说明氧化石墨烯已经

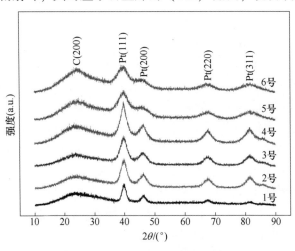

图 3.1　六组催化剂的 XRD 衍射图

成功还原成为石墨烯。此外，各组催化剂均在 39.1°附近出现了强的衍射峰，对应于 Pt（111）晶面，而位于 46.2°的肩峰及 67.5°、81.1°处的弱峰则分别对应于 Pt（200）、（220）和（311）晶面。并且由图可知，1 号催化剂中，Pt 各衍射峰峰宽较窄且峰高较低，这表明该催化剂中 Pt 颗粒粒径较大且数量较少。同时，与 1 号催化剂相比，2~6 号催化剂中 Pt 各晶面的衍射峰都出现了宽化，且随着 pH 值的增高，Pt 各晶面衍射峰的宽化程度逐渐增加，说明提高前驱体溶液的 pH 值，能够减小催化剂中 Pt 的晶粒尺寸，且提高其分散度。

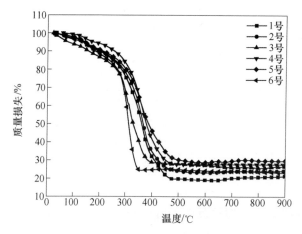

图 3.2　6 组催化剂的热重曲线

3.3.2　催化剂的热重分析

图 3.2 所示为六组催化剂的 TG 曲线。样品的失重温度可分为三个区间：低温区（小于 100℃），中温区（100~250℃）和高温区（大于 250℃）。由图可知，低温区的质量损失较少，其质量损失主要来自催化剂中石墨烯载体所吸附水分子的挥发。中温区的质量损失同样较少，可能为石墨烯载体表面含氧官能团发生的热分解造成的。而高温区的质量损失较大，其可能是由于石墨烯载体的碳骨架在空气中发生烧蚀造成的损失，当温度达到 250℃左右时，热重曲线迅速下降，石墨烯载体的碳骨架大量燃烧，当温度达到 500℃，碳骨架基本烧蚀完全，而 Pt 纳米颗粒质量保持稳定，因此，通过热重曲线最后的平台可以得到 6 组催化剂的 Pt 载量（质量分数）分别为 21.45%、24.18%、26.58%、27.86%、29.81%、23.31%。可以看出，1 号催化剂中 Pt 的担载量是最低的，这可能是由于酸性环境下不利于 Pt 离子（$PtCl_6^{2-}$）的还原所致。同时，随着前驱体溶液 pH 值的提高，催化剂中 Pt 担载量随之增高，到 5 号催化剂（pH = 11）时达到最大值。但随着 pH 值继续增大至 12 时，催化剂中 Pt 的担载量又出现了下降，这可能是由

于较高的前驱体溶液 pH 值导致石墨烯表面呈现负电荷，由于电荷排斥作用阻碍了带负电荷的 Pt 离子（$PtCl_6^{2-}$）的还原，导致了催化剂中 Pt 担载量的下降[9]。

3.3.3 催化剂的形貌及能谱分析

图 3.3 所示为 5 号催化剂的 SEM 照片及面扫、点扫分析。由图 3.3（a）可知，石墨烯表面存在许多褶皱，对图 3.3（a）进行了面扫描分析（见图 3.3（c）~（d）），可知催化剂中 C、Pt 元素分布均匀。为了进一步研究各元素的含量，对图 3.3（a）中的点做了点扫分析（见图 3.3（b）），从图中可以看出，Pt 在石墨烯表面的含量为 30.37%，与上述热重曲线分析一致。

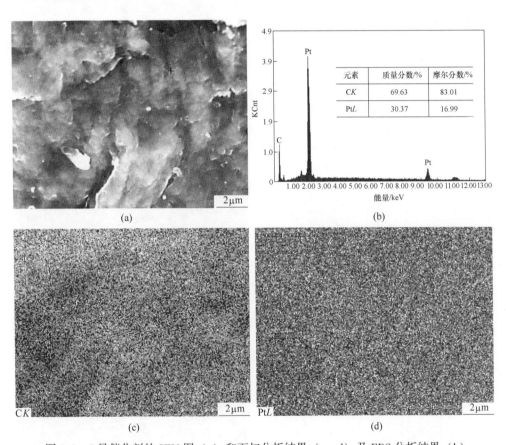

元素	质量分数/%	摩尔分数/%
CK	69.63	83.01
PtL	30.37	16.99

图 3.3 5 号催化剂的 SEM 图（a）和面扫分析结果（c，d）及 EDS 分析结果（b）

3.3.4 pH 值对催化剂形貌及尺寸的影响

图 3.4 所示为六组催化剂的 TEM 图及其所对应的粒径分布柱状图。它是在 150000 倍左右的图片上，通过 Nano measurer 软件随机取 200 以上的颗纳米粒子

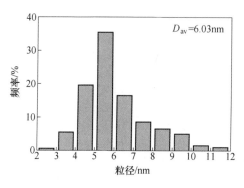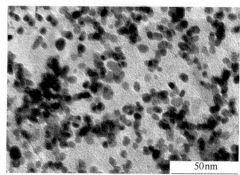

(a)

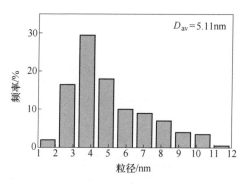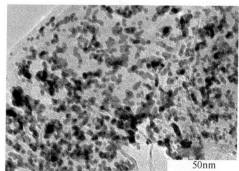

(b)

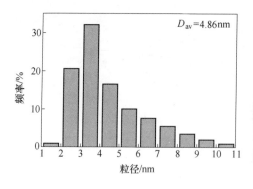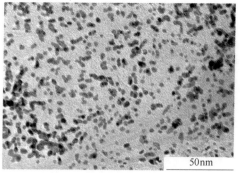

(c)

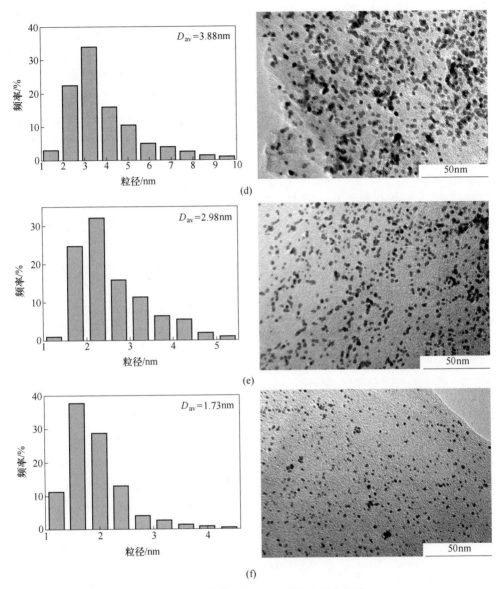

图 3.4 6 组催化剂的 TEM 图及粒径分布图

(a) 1 号；(b) 2 号；(c) 3 号；(d) 4 号；(e) 5 号；(f) 6 号

来求得每个颗粒的粒径尺寸，最后求出其平均值。

由图可知，各样品中的 Pt 纳米粒子成功负载到了石墨烯上，且呈现明显的球状形貌。由图 3.4 (a) 可看出，1 号催化剂中 Pt 纳米粒子的团聚程度严重，由粒径分布图可知，其粒径分布范围为 2~12nm，平均粒径大小为 6.03nm。由图 3.4 (b) 可知，2 号催化剂中 Pt 纳米粒子出现了细化，但是团聚程度仍较严重，其粒径分布范围为 1~12nm，平均粒径大小为 5.11nm，较 1 号的平均粒径降低 15.3%。由图 3.4（c）可知，3 号催化剂中 Pt 纳米粒子较 2 号相比进一步细化，团聚程度有所降低，其粒径分布范围为 1~11nm，平均粒径大小为 4.86nm，较 2 号的平均粒径降低 4.9%。由图 3.4（d）可以看出，4 号催化剂中 Pt 纳米粒子的分散度较 3 号有较大的提升，其粒径分布范围为 1~10nm，平均粒径大小为 3.88nm，较 3 号的平均粒径降低 40.16%。由图 3.4（e）可知，6 号催化剂中 Pt 纳米粒子几乎没有团聚，分散度较好，其粒径分布范围较窄，为 1~6nm，平均粒径大小为 2.98nm，较 5 号的平均粒径降低 4.5%。从图 3.4（f）可以看出，6 号催化剂的粒径分布为 1~5nm，平均粒径大小为 1.73nm。可以看出，与 5 号催化剂相比，6 号催化剂中 Pt 粒子显示出更小的粒径分布及且更低的对比度，这表明其处于成核的初级阶段，而 5 号催化剂则显示出更好的 Pt 粒子边缘清晰度，表示其具有更好的结晶度。前驱体溶液的 pH 值对 Pt 粒径的影响可以解释如下：乙二醇溶液在微波加热过程中可以被氧化成乙酸酯，乙酸盐可以作为金属胶体颗粒的稳定剂，但是在较低溶液 pH 值下的乙酸是不良稳定剂，其会导致金属颗粒聚集长大[10]。因此，随着溶液 pH 值的上升，Pt 粒径逐渐减小。但是过高的溶液 pH 值又会阻碍 Pt 的还原，使得 Pt 颗粒处于成核的初级阶段，结晶度较低[11,12]。

3.3.5　催化剂表面电子结构分析

图 3.5 所示为 5 号催化剂中 C 1s 和 Pt 4f 的 XPS 图谱。由图 3.5（a）可知，催化剂的 C 1s 图谱可较好的拟合出五个峰，于 284.6eV 处的最强峰对应于石墨烯中的 C—C，于 286.5eV、287.9eV 及 289eV 的峰分别对应于 C—O、C═O、O—C═O[13]。由表 3.2 的拟合数据可以看出，石墨烯表面仍残留着些许含氧官能团，含量约为 27.93%，这就有利于提高催化剂的抗中毒能力。同时，由图 3.5（b）可知，催

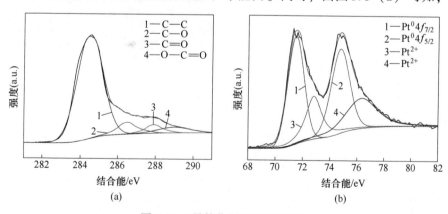

图 3.5　5 号催化剂的 XPS 图谱

化剂中 Pt 存在 Pt(0) 及 Pt^{2+} 两种形态。Pt $4f_{7/2}$ 金属态的结合能理论值为 71.2eV[14]，催化剂中 Pt $4f_{7/2}$ 的结合能为 71.35eV，接近理论值。图中 Pt 金属态 Pt $4f_{7/2}$ 峰和 Pt $4f_{5/2}$ 峰的结合能为 71.35eV 和 74.58eV，而 Pt^{2+} 的 Pt $4f_{7/2}$ 峰和 Pt $4f_{5/2}$ 峰的结合能为 72.76eV 和 76.29eV，同时由表 3.2 可以看出，催化剂中 Pt 主要以金属态形式存在，Pt(0) 的含量为 64.77%。

表 3.2　5 号催化剂的 XPS 图谱分析数据

元素	位置	属性	比例/%
C	284.6	C—C	72.07
	286.5	C—O	12.83
	287.9	C=O	6.76
	289	O—C=O	8.34
Pt	71.35	Pt^0 $4f_{7/2}$	35.79
	74.58	Pt^0 $4f_{5/2}$	28.98
	72.76	Pt^{2+}	14.55
	76.29	Pt^{2+}	20.68

3.3.6　pH 值对催化剂电化学活性面积的影响

图 3.6 所示为 6 组催化剂在饱和 N_2 的 0.5mol/L H_2SO_4 溶液中的循环伏安曲线，扫描速度是 50mV/s，电位范围为 -0.3~0.6V。由图可以看出六组催化剂都在 -0.3~-0.2V 附近出现 H 的脱附峰。催化剂的电化学活性表面积（ESA）根据下式计算[15]：

$$ESA(m^2/g) = Q_H/(0.21 \times [Pt]), \quad Q_H = S/v \tag{3.1}$$

式中，Q_H 为 H 脱附时的电量，C/m^2；[Pt] 为电极上的载 Pt 量；S 为 H 脱附峰的面积；v 为扫描速度；0.21 为 H 在 Pt 单位表面积吸附所需的电量，mC/cm^2。6 组催化剂的电化学活性表面积见表 3.3。由表可以看出 6 组电催化剂的电化学活性表面积大小排序为 5 号>4 号>3 号>2 号>6 号>1 号。可知，与 1 号催化剂相比，随着 pH 值的增加，各组催化剂的电化学表面积随之增大，至 5 号催化剂（pH=11）达到了 65.73m^2/g 的最大值。但随着 pH 值继续增加至 12，6 号催化剂的电化学活性表面积出现了下降，结合热重及透射电镜分析可知，这是由于过高的前驱体溶液 pH 值使得催化剂中 Pt 担载量的降低，且所形成的 Pt 粒子处于成核的初级阶段，粒径过小，结晶化程度不高，因此电化学活性表面积下降。

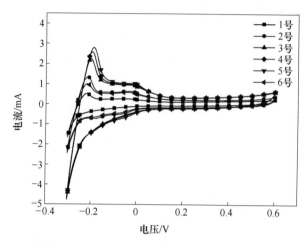

图 3.6　6 组催化剂在饱和 N_2 的 0.5mol/L H_2SO_4 溶液中的循环伏安曲线

表 3.3　6 种催化剂的电化学活性表面积、氧化峰电流密度及电流密度

序号	ESA/$m^2 \cdot g^{-1}$	峰电流密度/$A \cdot g^{-1}$	稳态电流密度/$A \cdot g^{-1}$
1 号	23.13	118.2	24.3
2 号	32.47	224.5	89.1
3 号	51.54	340.4	103.3
4 号	59.06	406.3	137.7
5 号	65.73	461.4	144.9
6 号	29.91	180.6	72.1

3.3.7　pH 值对催化剂峰电流密度的影响

　　图 3.7 所示为 6 组催化剂在 1mol/L CH_3CH_2OH 和 0.5mol/L H_2SO_4 混合溶液中对乙醇电化学氧化的循环伏安曲线，扫描速度为 50mV/s，电位范围为 0~1.2V。从图中可以看出，催化剂在正扫时产生两个氧化峰，负扫时产生一个氧化峰，并且其对应的氧化峰峰值电位相近。在正扫时，0~0.4V，电流密度上升幅度较小；0.4~0.8V 区域出现了电流密度峰值，主要对应乙醇完全氧化生成 CO_2，但在 0.7~0.9V 区域，电流密度出现了下降；电位升高到 1.0~1.1V 区域，出现乙醇氧化电流密度峰值，对应乙醇部分氧化生成乙醛和乙酸；在电位负扫区域，正扫时产生的氧化物（Pt—O）被还原，释放了表面活性位，对乙醇的催化氧化能力恢复。由于正扫第一个峰对应于乙醇完全氧化生成 CO_2 的过程，且氧化峰电流密度一般作为用来评估乙醇电化学氧化的指标[16]，因此本章选择使用正扫第一个峰的电流密度来评估催化剂的催化性能。6 组催化剂对乙醇氧化峰电流密度

见表 3.3，由表可以看出峰电流密度大小排序为 5 号>4 号>3 号>2 号>6 号>1 号。可知，随着 pH 值的增加，各组催化剂的峰电流密度随之增大，到 pH=11 的 5 号催化剂时达到了 461.4A·g^{-1} 的最大值。但 pH 值增加至 12 时，6 号催化剂的峰电流密度又出现了下降，这是由于该催化剂的电化学活性表面积减小所导致的。这与图 3.6 分析一致。

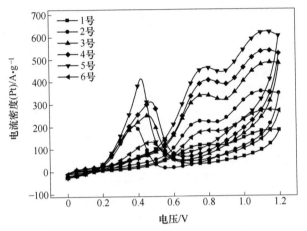

图 3.7 6 组催化剂在 1mol/L CH$_3$CH$_2$OH 和 0.5mol/L H$_2$SO$_4$ 混合溶液中的循环伏安曲线

3.3.8 pH 值对催化剂计时电流（i-t）的影响

图 3.8 所示为 6 组催化剂在饱和 N$_2$ 的 1mol/L CH$_3$CH$_2$OH 和 0.5mol/L H$_2$SO$_4$ 混合溶液中的 i-t 曲线，测试电位为 0.6V，测试时间为 1100s。由图可知，6 组曲

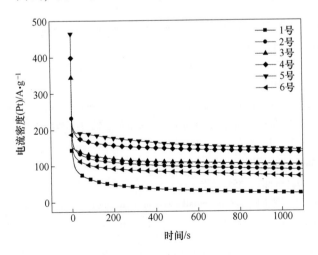

图 3.8 6 组催化剂在饱和 N$_2$ 的 1mol/L CH$_3$CH$_2$OH 和
0.5mol/L H$_2$SO$_4$ 混合溶液中的 i-t 曲线

线均有下降趋势，这是由于催化剂被乙醇氧化反应所产生的中间物种如 CHO_{ads}
和 CO_{ads} 等毒化，使电流密度急剧降低。随着反应的进行，Pt 表面吸附的中间物
种氧化脱附与吸附过程趋于平衡，电流密度趋于稳定。当反应时间为 1000s 时，
6 组催化剂的稳态电流密度见表 3.3。由表可看出稳态电流密度大小顺序为 5 号>
4 号>3 号>2 号>6 号>1 号，由此可知，与 1 号催化剂相比，随着前驱体溶液 pH
值的增加，催化剂的稳态电流密度逐渐上升，当 pH=11 时，达到了 144.9A/g 的
最大值，而当 pH 值增加至 12 时，6 号催化剂的稳态电流密度出现了下降，这是
由于乙醇氧化的中间产物如 CO 和电解质中的其他离子很容易吸附在较小的 Pt 颗
粒上[17]，这种吸附会抑制乙醇的电氧化反应。因此，由于 5 号催化剂拥有合适
且均匀的粒径，其对乙醇电催化的稳定性最好。这与图 3.6 和图 3.7 分析一致。

3.4   小结

通过微波辅助乙二醇还原氯铂酸法，合成了负载在石墨烯上的不同尺寸的 Pt
纳米粒子。当乙二醇铂盐溶液的 pH 值从 3 增加到 12 时，随 pH 值增加，Pt 粒子
直径逐渐减小且分布更加均匀，能更好地分散在石墨烯表面上。当合成溶液的
pH=11 时，合成的 Pt/G 催化剂表现出最优的对乙醇电催化氧化性能。因此，通
过调节合成溶液的 pH 值，可合成出到粒径大合适小，分布均匀且催化性能优良
的高效催化剂。

参 考 文 献

[1] Machado B F , Serp P . Graphene-based materials for catalysis [J]. Catalysis Science & Tech-
nology, 2011, 2 (1): 54~75.

[2] Xiang Q, Yu J G, Jaroniec, et al. Graphene-based semiconductor photocatalysts [J]. Chemical
Society Reviews, 2012, 41 (2): 782~796.

[3] Brownson D A C , Kampouris D K , Banks C E . An overview of graphene in energy production
and storage applications [J]. Journal of Power Sources, 2011, 196 (11): 4873~4885.

[4] Xin Y , Liu J G , Jie X , et al. Preparation and electrochemical characterization of nitrogen
dopedgraphene by microwave as supporting materials for fuel cell catalysts [J]. Electrochimica
Acta, 2012, 60 (none): 354~358.

[5] Wang R , Xie Y , Shi K , et al. Small-sized and contacting Pt-WC nanostructures on graphene
as highly efficient anode catalysts for direct methanol fuel cells [J]. Chemistry, 2012, 18 (24):
7443~7451.

[6] Li Y , Tang L , Li J . Preparation and electrochemical performance for methanol oxidation of Pt/
graphene nanocomposites [J]. Electrochemistry Communications, 2009, 11 (4): 846~849.

［7］ Dong L , Gari R R S , Li Z , et al. Graphene-supported platinum and platinum－ruthenium nanoparticles with high electrocatalytic activity for methanol and ethanol oxidation ［J］. Carbon, 2010, 48 （3）: 781~787.

［8］ Bock C , Paquet C , Couillard M , et al. Size-selected synthesis of PtRu nano-catalysts: Reaction and size control mechanism ［J］. Journal of the American Chemical Society, 2004, 126 （25）: 8028~8037.

［9］ Nassr A B A A , Sinev I , Grünert, et al. PtNi supported on oxygen functionalized carbon nanotubes : in depth structural characterization and activity for methanol electrooxidation ［J］. Applied Catalysis B Environmental, 2013, 142 （5）: 849-860.

［10］ Li X , Chen W X , Zhao J , et al. Microwave polyol synthesis of Pt/CNTs catalysts: Effects of pH on particle size and electrocatalytic activity for methanol electrooxidization ［J］. Carbon, 2005, 43 （10）: 2168~2174.

［11］ Oh H S , Oh J G , Hong Y G , et al. Investigation of carbon-supported Pt nanocatalyst preparation by the polyol process for fuel cell applications ［J］. Electrochimica Acta, 2007, 52 （25）: 7278~7285.

［12］ Zhao Y , Zhou Y , Xiong B , et al. Facile single-step preparation of Pt/N-graphene catalysts with improved methanol electrooxidation activity ［J］. Journal of Solid State Electrochemistry, 2013, 17 （4）: 1089~1098.

［13］ Deivaraj T C , Chen W X , Lee J Y . Preparation of PtNi nanoparticles for the electrocatalytic oxidation of methanol ［J］. Journal of Materials Chemistry, 2003, 13 （10）: 2555~2560.

［14］ Yu S P, Liu Q B, Yang W S, et al. Graphene-CeO$_2$ hybrid support for Pt nanoparticles as potential electrocatalyst for direct methanol fuel cells ［J］. Electrochimica Acta, 2013, 94: 245~251.

［15］ Steigerwalt E S , Deluga G A , Cliffel D E , et al. A PtRu/graphitic carbon nanofiber nanocomposite exhibiting high relative performance as a direct-methanol fuel cell anode catalyst ［J］. J. Phys. Chem. B, 2001, 105 （34）: 8097~8101.

［16］ Liu Z L , Lee J Y , Han M , et al. Synthesis and characterization of PtRu/C catalysts from microemulsions and emulsions ［J］. Journal of Materials Chemistry, 2002, 12 （8）: 2453~2458.

4 CeO$_2$添加对 Pt 基催化剂材料电催化性能的影响

<<<<<<<<<<<<<<<<<<<<<<<<<<<<<<<<<<<<<<<<<<<<<<<<<<<<<<<<<<<<<<<<<

4.1 引言

稀土元素 Ce 由于其特殊的 4f 层电子结构，而且具备良好的光电磁性质，成为光电磁新型功能材料的研究重点。近几年，我国稀土元素的应用范围越来越大，涉及国民经济的各个方面。纳米 CeO$_2$ 由于其粒径比较小，具有高的表面效应、较高的氧传导能力和氧储存能力，因此可用于燃料电池阳极催化剂中，防止 Pt 因中间产物 CO 类物质中毒而失效。

目前，低温燃料电池常用的阳极催化剂是 Pt/C。然而，Pt 易被低温乙醇电氧化过程中产生的类 CO 中间体毒害[1]。通过添加 Rh、Sn 和 Ni 等[2~4]铂类助催化剂，可以减轻 CO 中毒的发生。二元 PtRh 合金是 DEFC 中用于乙醇氧化的最先进的催化剂[5]，但是，Rh 同样属于贵金属，因此限制了 PtRh 基催化剂在 DEFC 中的应用。有报道显示在 Pt/C 催化剂中直接添加金属氧化物（如 TiO$_2$[6]、ZrO$_2$[7]、MoO$_2$[8]、CeO$_2$[9]）能够有效地提高催化剂的抗 CO 中毒能力。其中，CeO$_2$ 因其有两种有效作用机理而备受关注，一种是利用 Ce 的+3、+4 变价，将 CeO$_2$ 看成储氧放氧的容器，O$_2$ 浓度较低时放氧，较高时储氧，从而减弱 CO 的吸附反应；另一种"双功能机理"，通常情况下是利用 CeO$_2$ 表面吸附的含氧活性物质将 Pt 表面吸附的 CO 氧化，生成 CO$_2$ 后逸出。具体是在低电位时吸附大量的含氧物种如—OH$_{ads}$。高电位时由 CeO$_2$ 吸附的含氧物种—OH$_{ads}$ 与 Pt 表面的 CO 进行氧化反应生成 CO$_2$。根据上述两种原因，稀土氧化物 CeO$_2$ 利于 CO 的氧化脱除[10~12]。此外，氧化铈的低价格有助于降低 DEFC 的成本。因此，氧化铈是用于 Pt 基催化剂的有前景的助剂。近年来，微波辅助乙二醇还原法由于其具有所制备催化剂粒径小且分散度高、反应速度快、反应温度控制便利等优点，被广泛应用于碳载金属催化剂的制备[13]。因此，本章针对催化剂易被 CO 毒化，催化剂稳定性差，且电催化效率低等问题，以含有丰富官能团的石墨烯为载体，通过添加 CeO$_2$ 作为助催化剂，采用微波辅助乙二醇还原氯铂酸法制备 PtCeO$_2$/G 催化剂，探究 CeO$_2$ 的添加量及 CeO$_2$ 的形貌对 Pt 基催化剂电催化性能的影响，开发出抗中毒性强，稳定性好，催化效率高的直接乙醇燃料电池催化剂。

4.2　CeO$_2$的添加量对 Pt 基催化剂微观结构及催化性能的影响

4.2.1　CeO$_2$的制备

本章 CeO$_2$采用水热法制备，具体过程为：将一定量的柠檬酸钠溶于去离子水中，随后加入尿素，在磁力搅拌下形成混合溶液。同时，称取一定量六水硝酸铈溶于去离子水中搅拌均匀后，将六水硝酸铈溶液缓慢滴入上述混合溶液中，进行搅拌约 30min，直到溶液变为淡黄色。将溶液置入反应釜中，并且置于烘箱中进行水热反应，待反应完成后冷却至室温，抽滤、洗涤得到 CeO$_2$前驱体，再进行焙烧，即可获得 CeO$_2$样品粉末。

4.2.2　不同 CeO$_2$添加量催化剂的制备

本章催化剂采用微波辅助乙二醇法制备，具体过程为：首先将 50mL 乙二醇及氧化石墨烯加入烧杯中，再向杯内加入 CeO$_2$（质量比 G：CeO$_2$ = 1：0，1：0.5，1：1，1：1.5，1：2，1：2.5，1：3），再滴入浓度为 0.05mol/L 的 H$_2$PtCl$_6$溶液，超声处理 30min。随后将上述溶液微波加热到沸腾，取出冷却，此过程循环 5 次。然后磁力搅拌，抽滤，干燥，即可制得催化剂。

4.2.3　不同 CeO$_2$添加量催化剂的微观结构及电催化性能

4.2.3.1　催化剂的 X 射线衍射（XRD）分析

为了证明各组催化剂的晶体结构，对催化剂进行了 XRD 测试，如图 4.1 所示。由图 4.1 中曲线 2~7 可以看出，在 $2\theta = 28.5°$、$33.1°$、$47.5°$和 $56.3°$处出现了 4 个特征衍射峰，分别对应于面心立方 CeO$_2$的（111）、（200）、（220）和（311）晶面。由于图 4.1 中曲线 1 是没有加入 CeO$_2$的样品，因此，XRD 中没有 CeO$_2$的衍射峰。另外，由图还可以看出，7 组催化剂样品在 $2\theta = 39.8°$、$46.2°$和 $67.5°$出现了 3 个特征衍射峰，分别对应于面心立方 Pt 的（111）、（200）和（220）晶面。另外，由图可知，与未加 CeO$_2$的催化剂相比，添加 CeO$_2$的催化剂中 Pt 各晶面的衍射峰峰位并未偏移，说明 CeO$_2$的加入并未改变 Pt 的晶格参数。但是添加 CeO$_2$的催化剂中 Pt 的衍射峰有一定宽化，说明 CeO$_2$的加入在一定程度上可抑制催化剂粒子的团聚。

4.2.3.2　催化剂的扫描电镜及能谱（SEM+EDS）分析

图 4.2 所示催化剂的 SEM 照片及面扫、点扫分析，由图 4.2（a）可知，CeO$_2$保持原有扫帚状形貌，对图 4.2（a）图进行了面扫描分析（见图 4.2（b）~

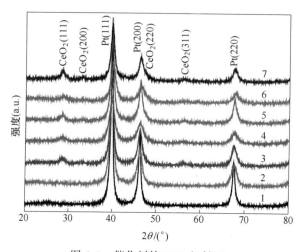

图 4.1 催化剂的 XRD 衍射图

1—无 CeO$_2$；2—1:0.5；3—1:1；4—1:1.5；5—1:2；6—1:2.5；7—1:3

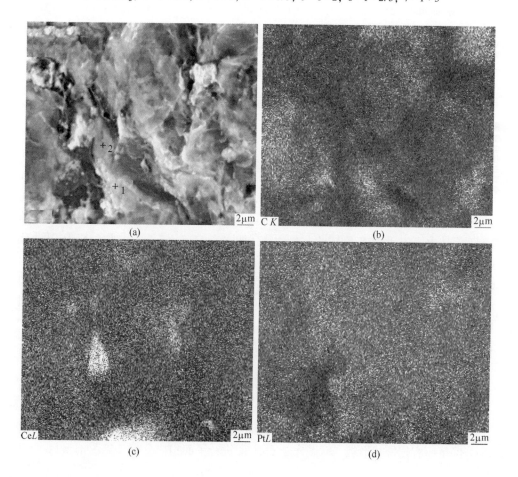

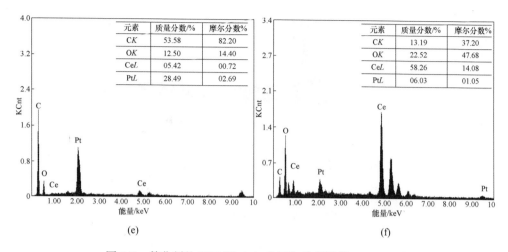

图 4.2 催化剂的 SEM 图（a）和面扫分析结果（b~d）及
图（a）中点 1 和点 2 的 EDS 分析结果（e, f）

（d）），可知催化剂中 C、Ce 和 Pt 分布均匀。为了进一步证明 Pt 的分布，对图 4.2（a）中的点 1 和点 2 做了点扫分析（见图 4.2（e）和（f）），从点扫图中可以看出，Pt 在 CeO$_2$ 表面分布较少，约为 6%，而在石墨烯载体表面较多，约为 28%，表明 Pt 纳米粒子均匀地分布在石墨烯的表面，CeO$_2$ 担载在石墨烯上。

4.2.3.3 催化剂的电化学活性表面积

电化学活性面积（ESA）反映在电极反应过程中实际可以利用的金属催化剂的表面积。具体而言，ESA 只是催化剂电极的全部表面中能接触电解液参加电化学反应的那一部分。催化剂的 EAS 可以通过其表面上氢的吸附、脱附电量来计算。

图 4.3 所示为催化剂在饱和 N$_2$ 的 0.5mol/L H$_2$SO$_4$ 溶液中的循环伏安曲线，扫描速度是 50mV/s，电位范围为 -0.3~0.6V（vs SCE），Pt/C（JM）为商业催化剂。由图可以看出八组催化剂都在 -0.3~0.6V（vs SCE）附近出现 H 的脱附峰。催化剂的电化学活性表面积根据公式计算，各组催化剂的电化学活性表面积见表 4.1。由表可以看出，添加 CeO$_2$ 催化剂的电化学活性表面积皆大于未添加的 Pt/G 及 Pt/C（JM）商业催化剂，这是由于 CeO$_2$ 具有多孔、大比表面积特性，可有效提高 Pt 纳米粒子的分散度，减小其粒径，从而提高催化剂的电化学活性表面积。随着 CeO$_2$ 添加量的增加呈现先增大后减小的趋势，当载体石墨烯与助剂 CeO$_2$ 的质量比为 1:2 时的 6 号催化剂的电化学活性表面积最大，但是，当 CeO$_2$ 添加量继续增加时，催化剂的电化学活性表面积出现下降趋势，这是由于过多的 CeO$_2$ 会覆盖催化剂活性位点，且影响载体的导电性，因此，催化剂的电化

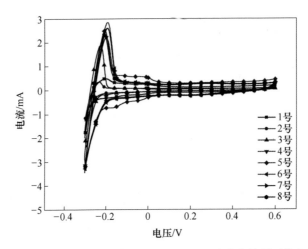

图 4.3　催化剂在饱和 N₂ 的 0.5mol/L H₂SO₄ 溶液中的循环伏安曲线

学活性表面积 ESA 出现了下降的趋势，说明添加适量的 CeO₂ 可以提高催化剂的电化学活性表面积。

表 4.1　催化剂的电化学活性表面积、氧化峰电流密度和稳态电流密度

编号	样　品	ESA/m²·g⁻¹	峰值电流密度/A·g⁻¹	稳态电流密度*/A·g⁻¹
1	Pt/G	25.2	142.5	43.3
2	Pt/C（JM）	17.6	77.2	13.8
3	Pt CeO₂/G（m_G：m_{CeO_2}=1：0.5）	60.3	188.7	50.2
4	Pt CeO₂/G（m_G：m_{CeO_2}=1：1）	73.6	552.8	89.1
5	Pt CeO₂/G（m_G：m_{CeO_2}=1：1.5）	68.5	624.2	112.0
6	Pt CeO₂/G（m_G：m_{CeO_2}=1：2）	84.9	757.2	146.7
7	Pt CeO₂/G（m_G：m_{CeO_2}=1：2.5）	75.1	659.2	120.2
8	Pt CeO₂/G（m_G：m_{CeO_2}=1：3）	70.7	311.7	72.1

注：ESA 代表电化学活性表面积；* 表示测试时间为 1000s 时的稳态电流密度。

4.2.3.4　催化剂的乙醇循环伏安表征

　　图 4.4 所示为催化剂在 1mol/L CH₃CH₂OH 和 0.5mol/L H₂SO₄ 混合电解液中的循环伏安曲线，扫描速度为 50mV/s，电位范围为 0~1.2V（*vs* SCE）。电催化电流已使用电极表面所担载 Pt 的质量进行了归一化处理。由图可知，催化剂的曲线都在电位正向扫描过程中出现了两个峰，在电位反向扫描过程中出现了一个

峰。位于电位正向扫描的 $0\sim0.4V$ （vs SCE）区间，曲线较为平缓；$0.4\sim0.8V$ （vs SCE）区间出现了电流密度峰，主要对应乙醇完全氧化生成CO_2；但在 $0.8\sim 0.9V$ （vs SCE）区间，电流密度出现了下降；电位升高到 $1.0\sim1.1V$ （vs SCE）区间，重新出现乙醇氧化电流密度峰，Pt 被氧化成为 Pt—O；而位于电位反向扫描区间，氧化物（Pt—O）发生还原反应生成了 Pt，表面活性位点重新暴露，出现了对乙醇氧化的电流密度峰值。由于电位正向扫描区间的第一个峰对应于乙醇完全氧化生成 CO_2 的过程，且氧化峰电流密度一般作为评估乙醇电化学氧化的指标[14]，因此本章选择正扫第一个峰的峰电流密度来评估催化剂的催化性能。

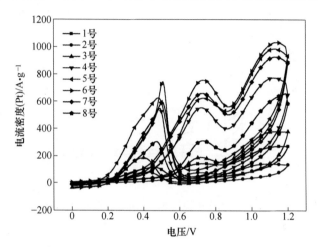

图 4.4　催化剂在 $1mol/L$ CH_3CH_2OH 和 $0.5mol/L$ H_2SO_4 混合溶液中的循环伏安曲线

　　各组催化剂对乙醇氧化的峰电流密度见表 4.1，由表可以看出，添加了 CeO_2 的催化剂的氧化峰电流密度均高于未添加的 Pt/G 及 Pt/C（JM）商业催化剂，这是由于 CeO_2 的加入能在较低电位下吸附水，产生活性氧—$(OH)_{ads}$，活性氧可以将乙醇催化氧化反应的中间体氧化生成 CO_2，促进了催化反应。另一方面，由于 CeO_2 加入也可以提高催化剂粒子的分散度，从而有效提高了催化剂的催化效率。催化剂峰电流密度随着 CeO_2 添加量的增加呈现先增大后减小的趋势，6 号催化剂（$m_G : m_{CeO_2} = 1 : 2$），其峰电流密度最大，这说明添加适量的扫帚状 CeO_2 有利于提高催化剂对乙醇氧化的峰值电流密度。

4.2.3.5　催化剂的计时电流（i-t）曲线表征

　　为了进一步研究连续工作条件下催化剂的催化活性、稳定性，进行了计时电流测试。图 4.5 所示为催化剂在饱和 N_2 的 $1mol/L$ CH_3CH_2OH 和 $0.5mol/L$ H_2SO_4 混合溶液中的 i-t 曲线，测试电位为 $0.6V$，测试时间为 1100s。由图可知，在 $0\sim100s$ 的极化时间内，各组催化剂的电流密度快速下降，这是由于催化剂被乙醇氧化反应中

形成的中间物质如 CHO_{ads} 和 CO_{ads} 等毒化。随着极化时间的增加，Pt 表面吸附的中间物种氧化脱附与吸附过程趋于平衡，电流密度趋于稳定。当反应时间为 1000s 时，催化剂的稳态电流密度见表 4.1。由表可看出，添加了 CeO₂ 的催化剂稳态催化剂的电流密度均高于未添加的 Pt/G 及 Pt/C（JM）商业催化剂，当质量比 G∶CeO₂ = 1∶2 时，其对应的 6 号催化剂的稳态电流密度最大，说明 6 号催化剂的催化活性及抗 CO 中毒能力最好，稳定性最优，这与循环伏安分析相吻合。

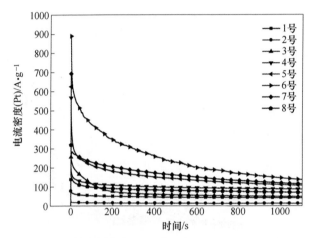

图 4.5　催化剂在饱和 N₂ 的 1mol/L CH₃CH₂OH 和
0.5mol/L H₂SO₄ 混合溶液中的 i-t 曲线

4.2.3.6　催化剂的变温循环伏安分析

电池在实际的使用过程中，其催化剂不可能一直处于常温状态，会随着使用时间的延长，工作温度会有所升高。为了获得 Pt 基催化剂在变温状况下的稳定性，根据实际工作情况设计了 25℃、30℃、35℃、40℃、45℃、50℃、55℃ 和 60℃ 不同温度下的变温循环伏安测试。电解液为 1mol/L CH₃CH₂OH 和 0.5mol/L H₂SO₄ 混合溶液，扫描速度为 50mV/s，电位范围为 0~1.2V，Pt/C（JM）为商业催化剂，各组催化剂的变温循环伏安曲线如图 4.6（a）~（h）所示。由图可知，随温度的升高，催化剂正扫第一个峰的峰值电流密度逐渐增大。这是由于随着温度在一定范围内升高，催化剂对乙醇催化氧化反应速率提高，反应产物如 CO 或 CO₂ 均以气体形式逸出，反应朝正向进行，提高了峰值电流密度。

$$C_2H_5OH + 3H_2O \longrightarrow 2CO_2 + 12H^+ + 12e \tag{4.1}$$

根据阿伦尼乌斯方程：

$$i_p = k e^{-\frac{W}{R} \cdot \frac{1}{T}} \tag{4.2}$$

式中，i_p 是峰电流密度；R 为气体常数，$R = 8.314J/(mol \cdot K)$；k 为玻尔兹曼常

数；W为阿伦尼乌斯活化能；T为温度。

$$\ln i_{\mathrm{p}} = -\frac{W}{R} \cdot \frac{1}{T} + \ln k \qquad (4.3)$$

拟合之后可以得到斜率，由$k = -W/R$计算得到乙醇催化氧化的活化能W，根据$\ln i_{\mathrm{p}}$和$1/T$作图，如图4.6（i）所示。各组催化剂相应的活化能分别为：Pt/G 52.6kJ/mol；Pt/C（JM）54.63kJ/mol；m_{G}：$m_{\mathrm{CeO_2}} = 1 : 0.5$，48.39kJ/mol；$m_{\mathrm{G}}$：$m_{\mathrm{CeO_2}} = 1 : 1$，30.01kJ/mol；$m_{\mathrm{G}}$：$m_{\mathrm{CeO_2}} = 1 : 1.5$，32.67kJ/mol；$m_{\mathrm{G}}$：$m_{\mathrm{CeO_2}} = 1 : 2$，20.79kJ/mol；$m_{\mathrm{G}}$：$m_{\mathrm{CeO_2}} = 1 : 2.5$，34.09kJ/mol；$m_{\mathrm{G}}$：$m_{\mathrm{CeO_2}} = 1 : 3$，38.41kJ/mol，由此可以看出，本章制备的催化剂活化能均低于Pt/C（JM）商业催化剂，其对乙醇的催化氧化反应更容易发生。同时可知，与未添加CeO$_2$的Pt/G相比，添加CeO$_2$后的各组催化剂的活化能都有不同程度的降低，且当m_{G}：$m_{\mathrm{CeO_2}} = 1 : 2$时，催化剂的活化能最低，因此，在该催化剂的作用下，乙醇催化氧化反应最容易发生。

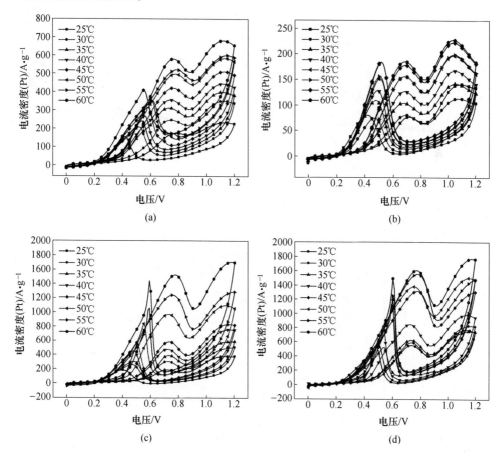

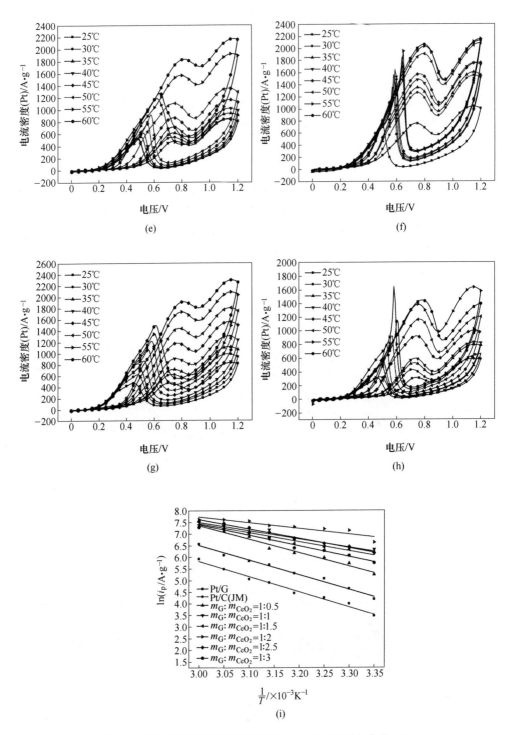

图 4.6　催化剂的变温循环伏安曲线（a~h）及拟合曲线（i）

4.3　CeO$_2$形貌对 Pt 基催化剂材料性质及催化性能的影响

4.3.1　不同形貌 CeO$_2$的制备

水热法是合成高纯度、高表面积 CeO$_2$ 的有效方法，并且制备工艺条件对 CeO$_2$ 的表面情况有着重要的影响，尤其是水热反应时间，是决定 CeO$_2$ 表面形貌的关键工艺条件，因此，通过优化 CeO$_2$ 的最佳制备工艺，可合成高比表面特殊形貌的 CeO$_2$。不同形貌 CeO$_2$ 的具体工艺过程如下：将柠檬酸钠溶于去离子水中，随后加入尿素，在磁力搅拌下形成混合溶液。同时，称取六水硝酸铈溶于去离子水中搅拌均匀后，将六水硝酸铈溶液缓慢滴入上述混合溶液中，搅拌 30min，直到溶液变为淡黄色。将溶液置入反应釜并放入烘箱中进行加热反应，设置不同的水热反应时间分别为：12h、24h、39h 和 48h，反应完成后冷却至室温，然后抽滤，即可得到 CeO$_2$ 前驱体，最后在马弗炉中焙烧，即可获得不同形貌 CeO$_2$ 样品。

4.3.2　不同形貌 CeO$_2$的表征

4.3.2.1　CeO$_2$前驱体的 DSC/TG 分析

为了明确焙烧温度，对 CeO$_2$ 前驱体进行了 DSC/TG 测试，结果如图 4.7 所示。粉末前驱体在 47℃附近生成一个小的放热峰，是由于前驱体吸附水的脱除，此阶段的损失质量为 2.20%。245℃附近存在尖锐的吸热峰是粉体表面残留的柠檬酸钠分解和前驱体中的 CeOHCO$_3$ 的分解，此过程的损失质量为 16.63%。在约

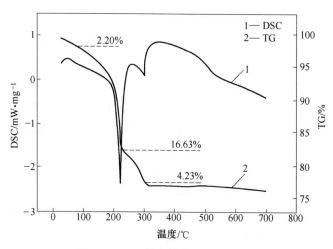

图 4.7　CeO$_2$前驱体的 TG-DSC 曲线

294℃的吸热峰是部分残留前驱体的分解及氧化铈相结构的转变反应，此过程的损失质量为 4.23%。上述三个热效应过程对应的总损失质量为 23.06%。约 294℃以后热重曲线与横轴趋于平行，表明粉体基本分解完全。因此，确定氧化铈的焙烧温度为 300℃。

4.3.2.2　CeO₂ 的 XRD 分析

图 4.8 所示为不同水热时间（12h、24h、39h 和 48h）条件下制备 CeO₂ 的 XRD 图，由图可知，样品材料的（111）、（200）、（220）和（311）晶面衍射峰与标准 JCPDS 卡片的 CeO₂ 的典型特征峰相对应，为立方萤石结构。样品材料的尖锐衍射峰表明制备的 CeO₂ 纳米晶体具有较高的结晶度，并且没有出现杂质峰。

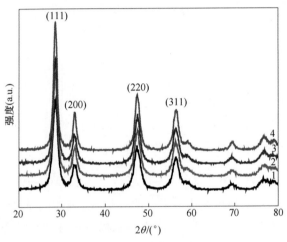

图 4.8　CeO₂ 样品的 XRD 谱
1—12h；2—24h；3—39h；4—48h

4.3.2.3　CeO₂ 的形貌分析

图 4.9 所示为不同水热时间制备的 CeO₂ 粉体的 SEM 图，由图 4.9（a）可知，水热 12h 的 CeO₂ 呈现出花状形态，其原因为在整个反应过程中是以柠檬酸钠为形貌控制剂，Ce^{4+}-多羟基化合物氧化还原体系可使柠檬酸钠在多羟基物质上聚集长大，在温度高于 60℃时尿素水解生成的 CO_3^{2-} 和 OH^- 与铈离子结合成碳酸铈，使分子间的组装过程自发进行，最终得到呈花状的 CeO₂。随着水热时间的延长，纳米粒子定向聚集组成纳米棒，众多的纳米棒自发组装，一端连接另一端发散形成帚状形态。由图 4.9（b）可以看出，水热时间为 24h 时，自组装不完全，团簇组成小。由图 4.9（c）可以看出，水热时间为 39h 时，其帚状形貌清晰、骨架排列规则且形成团簇比率较高。由图 4.9（d）可以看出，水热 48h

团簇明显长大，帚状表面出现毛糙界面，组成团簇的纳米棒断裂严重。由此可知，其水热反应时间是影响 CeO₂ 形貌和自组装过程的关键因素。

图 4.9 不同水热时间下制备 CeO₂ 样品的 SEM 图

(a) 12h; (b) 24h; (c) 39h; (d) 48h

4.3.2.4 CeO₂ 的比表面积和孔径分析

图 4.10 所示为经过不同水热反应时间后得到的 CeO₂ 粉体样品的氮气吸附脱附曲线及 BJH 孔径分布曲线，测试时使用液氮冷却。由图 4.10 可知，随着水热时间的增加，CeO₂ 的比表面积先增后减。水热时间为 12h 和 24h 的比表面积变化不大，39h 时达到最大 154.72m²/g，48h 后急剧下降，并且比表面积的变化与 CeO₂ 的形貌有关。由 BET（Brunauer—Emmett—Teller）模型分析计算得到不同水热反应时间 CeO₂ 的比表面积分别为 33.03m²/g、45.30m²/g、154.72m²/g 和 31.63m²/g。由图 4.10 中的孔径分布曲线可知，不同水热反应时间 CeO₂ 平均孔径变化不大，但孔容变化比较明显，39h 制备的 CeO₂ 具有最大的孔容。由 BJH

（Barrett—Joyner—Halenda）模型得出 CeO_2 的孔径均在 $2\sim5nm$，处于介孔区域。由表 4.2 中数据发现，随着水热时间的增加，比表面积先增后减，由 $33.03m^2/g$ 增加到 $154.72m^2/g$ 之后降低为 $31.63m^2/g$，孔容由 $0.041cm^3/g$ 增加到 $0.048cm^3/g$ 之后降低为 $0.012cm^3/g$，因此若要获得高比表面介孔 CeO_2，需严格控制其水热反应时间。

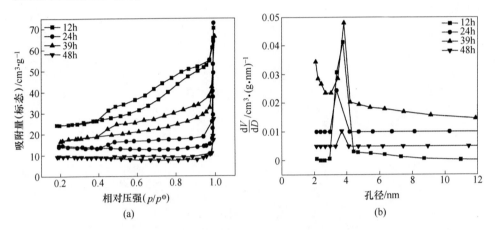

图 4.10　CeO_2 样品的氮气吸附—脱附曲线（a）和 BJH 孔径分布曲线（b）

表 4.2　不同水热反应时间 CeO_2 的比表面积及孔容

水热反应时间/h	比表面积/$m^2 \cdot g^{-1}$	孔容/$cm^3 \cdot g^{-1}$
12	33.03	0.041
24	45.30	0.025
39	154.72	0.048
48	31.63	0.012

4.3.3　添加不同形貌 CeO₂ 催化剂的制备工艺

本节催化剂具体制备过程：首先量取 50ml 乙二醇及一定量的石墨烯加入烧杯中，再向杯内加制备好的不同表面形貌的 CeO_2，然后，再滴入一定浓度的 H_2PtCl_6 溶液，超声处理。随后将上述溶液微波加热至沸腾，取出冷却，此过程循环 5 次。磁力搅拌，抽滤，最后干燥，即可制得催化剂 PtCeO₂/G-12、PtCeO₂/G-24、PtCeO₂-39 和 PtCeO₂-48，Pt/G 为商业催化剂。

4.3.4　添加不同形貌 CeO₂ 催化剂的微观结构与电催化性能

4.3.4.1　催化剂的 X 射线衍射（XRD）分析

为了证明各组催化剂的晶体结构，对各组催化剂进行了 XRD 测试，图 4.11

所示为加入不同形貌 CeO₂ 合成催化剂的 XRD 图谱。由图 4.11 可以看出，Pt/G 催化剂（曲线 1）是没有加入 CeO₂ 的对照组，所以 XRD 中没有 CeO₂ 的衍射峰。添加 CeO₂ 的催化剂（曲线 2~4），都在 $2\theta = 28.5°$、$33.1°$、$47.5°$和 $56.1°$ 处出现了 4 个特征衍射峰，对应面心立方结构 CeO₂（111）、（200）、（220）和（311）晶面衍射，具有很高的结晶度。从图 4.11 还可以看出，各组催化剂在 $2\theta = 39.8°$、$46.2°$和 $67.5°$ 处都出现三个非常强的特征衍射峰，分别对应 Pt 的（111）、（200）和（220）晶面，并且由图可知，与未加 CeO₂ 的催化剂相比，添加 CeO₂ 的催化剂中 Pt 各晶面的衍射峰峰位并未偏移，说明 CeO₂ 的加入并未改变 Pt 的晶格参数。但是，添加 CeO₂ 的催化剂中 Pt 的衍射峰都有一定的宽化，细化了催化剂粒子，说明 CeO₂ 的加入一定程度可抑制催化剂粒子的团聚。

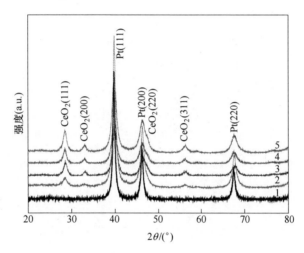

图 4.11　各催化剂样品的 XRD 图谱

4.3.4.2　催化剂的扫面电镜及能谱（SEM+EDS）分析

图 4.12 所示为催化剂的 SEM 照片及面扫、点扫分析，由图 4.12（a）可知，CeO₂ 保持原有扫帚状形貌，对图 4.12（a）图进行了面扫描分析（见图 4.12（b）~（d）），可知催化剂中 C、Ce 和 Pt 分布均匀。为了进一步证明 Pt 的分布，对图 4.12（a）中的点 1 和点 2 做了点扫分析（见图 4.12（e）和（f）），从点扫图中可以看出，Pt 在 CeO₂ 表面分布较少，约为 6%，而在石墨烯载体表面较多，约为 28%，表明 Pt 纳米粒子均匀地分布在石墨烯的表面，CeO₂ 担载在石墨烯上。

4.3.4.3　催化剂的透射电镜（TEM）分析

图 4.13 所示为 Pt/G、PtCeO₂/G 样品的 TEM 图及其所对应的粒径分布柱状图。由图 4.13 可知，两组样品中的 Pt 纳米粒子成功负载到了石墨烯上，且呈现

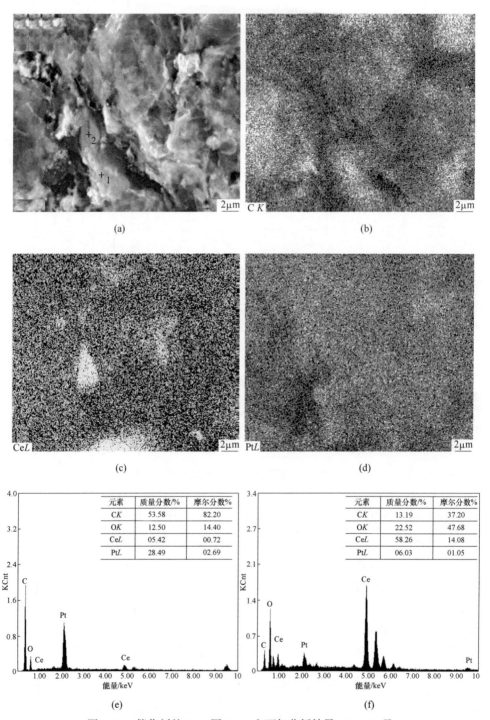

图 4.12 催化剂的 SEM 图 (a) 和面扫分析结果 (b~d) 及
图 (a) 中点 1 和点 2 的 EDS 分析结果 (e, f)

明显的球状形貌。由图 4.13（a）可看出，未添加 CeO₂的 Pt/G 催化剂中 Pt 纳米粒子的团聚程度严重，由粒径分布图可知，其粒径分布范围为 1～10nm，平均粒径大小为 6.43nm。由图 4.13（b）可知，PtCeO₂/G 催化剂中 Pt 纳米粒子有较为明显的细化，分散度有了较大提升，其粒径分布范围为 2～10nm，平均粒径大小为 4.97nm，说明加入一定量 CeO₂可改善催化剂粒子的分布情况。

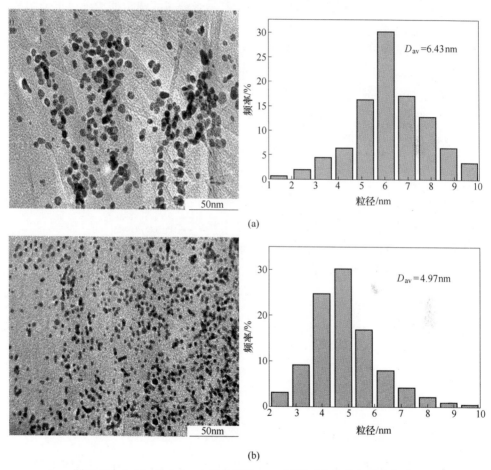

图 4.13 Pt/G、PtCeO₂/G 催化剂的 TEM 图及对应的粒径分布统计图
（a）Pt/G；（b）Pt CeO₂/G

4.3.4.4 催化剂的电化学活性表面积分析

图 4.14 中 H 吸附脱附循环伏安曲线测试条件为扫描环境为饱和 N₂的 0.5mol/L H₂SO₄溶液，扫描速度是 50mV/s，测试电位在 -0.3～0.6V 范围。由图可以看出，催化剂都在 -0.3～-0.2V 附近出现 H 的吸脱附峰。扣除双层电容的影

响，经过积分，利用式（4.1）进行计算，得出了不同催化剂的电化学活性表面积 ESA 见表 4.3。Pt/C(JM) 为商业催化剂，由表 4.3 可以看出，各组催化剂的电化学活性表面积排序：PtCeO₂/G-39> PtGCeO₂/G-24> PtCeO₂/G-12> PtCeO₂/G-48> Pt/G> Pt/C（JM），由此可知，本章以石墨烯为载体制备的各组催化剂的电化学活性表面积皆大于 Pt/C（JM）商业催化剂，这是由于石墨烯载体具有的大比表面积，富缺陷活性位的特性，对催化剂纳米粒子的锚定能力强，可抑制其团聚，提高分散度，使得催化剂所暴露的活性位点面积增加，因此 ESA 增加。当添加水热时间为 39h 制备的扫帚状 CeO₂ 时所合成的催化剂，其电化学活性表面积最大，为 $84.9 m^2/g$。这是因为 CeO₂ 的添加有效地抑制 Pt 纳米粒子的团聚，提高了催化剂的分散度。另外，Pt 纳米粒子和 CeO₂ 之间的协同作用促进了 Pt—H 的溢出率，加快了反应速度，释放了 Pt 纳米粒子表面的活性位点，从而增大了其电化学活性表面积。

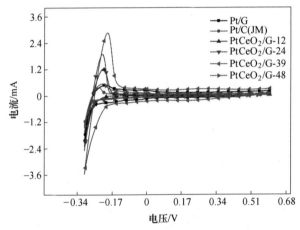

图 4.14 催化剂在饱和 N_2 的 $0.5mol/L$ H_2SO_4 溶液中的循环伏安曲线

4.3.4.5 催化剂的乙醇循环伏安曲线分析

图 4.15 所示为催化剂在 $1mol/L$ CH_3CH_2OH 和 $0.5mol/L$ H_2SO_4 混合溶液中对乙醇电化学氧化的循环伏安曲线，扫描速度为 50mV/s，电位范围为 0~1.2V（*vs* SCE）。从图中可以看出，各催化剂在电位 0.7V 附近产生的氧化峰，是乙醇完全氧化生成 CO_2 的峰，所以选择正扫第一个峰的电流密度来评估催化剂的催化性能。催化剂对乙醇氧化的峰电流密度见表 4.3，由表可以看出各组催化剂的峰电流密度大小排序为 PtCeO₂/G-39> PtCeO₂/G-24> PtCeO₂/G-12> PtCeO₂/G-48> Pt/G> Pt/C（JM），由此可知，本章所制备的各组催化剂的峰值电流密度皆大于商业催化剂 Pt/C（JM）。而与 Pt/G 催化剂相比，添加了 CeO₂ 的 PtCeO₂/G 催化

剂的峰值电流密度均大于Pt/G催化剂，这是由于CeO₂可在低电位时解离水产生活性含氧物种—OH$_{ads}$，其可与Pt表面的CO进行氧化反应生成CO₂。且CeO₂的添加促进了Pt纳米粒子的分散，减小了其粒径，提高了Pt的利用率，因此增大了峰值电流密度。当添加水热时间为39h时制备的高比表面积且形貌为扫帚状的CeO₂，其合成的催化剂峰电流密度最大，即757.2A/g，说明添加的助剂CeO₂的比表面积越大，并且它的帚状形貌清晰、骨架排列规则且成形率高，越有利于Pt纳米粒子分散，从而提升了催化剂的效率。说明助剂氧化铈的形貌和比表面积也是影响催化剂性能的重要因素。

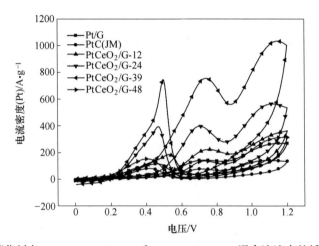

图4.15 催化剂在1mol/L CH₃CH₂OH和0.5mol/L H₂SO₄混合溶液中的循环伏安曲线

4.3.4.6 催化剂的计时电流（*i-t*）曲线表征

为了进一步研究连续工作条件下催化剂的催化活性、稳定性，进行了计时电流测试。图4.16所示为催化剂在饱和N₂的1mol/L CH₃CH₂OH和0.5mol/L H₂SO₄混合溶液中的*i-t*曲线，测试电位为0.6V（*vs* SCE），测试时间为1100s。由图4.16可见，各组曲线表现出各电极抗CO中毒能力的不同，具体表现在稳态电流密度的不同和衰减速度快慢的不同，但基本在1000s后趋于平缓，随着反应的继续进行，最终过渡到亚稳态。其中，在1000s后的电流密度呈现出较为稳定状态，使用该时间下的电流密度作为判断催化剂稳定性标准，见表4.3。由表可以看出各组催化剂的稳态电流密度大小顺序为PtCeO₂/G-39 > PtCeO₂/G-24> PtCeO₂/G-12> PtCeO₂/G-48> Pt/G> Pt/C（JM），由此可知，本章所制备的各组催化剂的稳态电流密度皆大于商业催化剂Pt/C（JM）。且添加助剂稀土氧化铈的催化剂PtCeO₂/G催化剂的催化活性、稳定性和抗中毒能力比传统的Pt/G更优秀，当添加水热时间为39h制备的CeO₂时，其合成的催化剂的稳态电流密度最高，即 146.7A/g，与上述循环伏安分析结果相吻合。

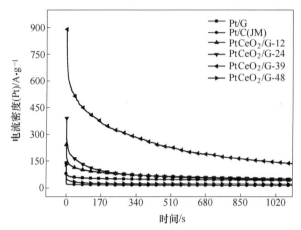

图 4.16　催化剂在饱和 N₂ 的 1mol/L CH₃CH₂OH 和

0.5mol/L H₂SO₄ 混合溶液中的 i-t 曲线

表 4.3　催化剂的电化学活性表面积、氧化峰电流密度及稳态电流密度

样品	ESA/m² · g⁻¹	峰电流密度/A · g⁻¹	稳态电流密度*/A · g⁻¹
Pt/G	25.2	142.5	43.3
Pt/C（JM）	17.6	77.2	13.8
PtCeO₂/G-12	51.3	224.2	45.7
PtCeO₂/G-24	58.8	398.0	50.0
PtCeO₂/G-39	84.9	757.2	146.7
PtCeO₂/G-48	22.8	137.0	20.5

注：ESA 代表电化学活性表面积；＊表示测试时间为 1000s 时的稳态电流密度。

　　综上所述，添加的 CeO₂ 比表面积越大，其对 Pt 纳米粒子的吸附能力越强，其催化剂的性能也越好。原因是随着 CeO₂ 的比表面积的增大，对 Pt 纳米粒子的分散就越好。另外，在 Pt 对乙醇催化反应过程中，助剂 CeO₂ 的比表面积越大，与水作用越明显，其表面吸附的—OH$_{ads}$ 就越多，Pt 表面吸附的 CO 就越容易脱除，说明添加一定比表面的 CeO₂ 可有效提高催化剂的抗中毒性及催化性能。

4.3.4.7　催化剂的变温循环伏安曲线分析

　　为了获得各组催化剂在变温状况下的稳定性，根据实际工作情况设计了 25℃、30℃、35℃、40℃、45℃、50℃、55℃和 60℃不同温度下的变温循环伏安测试，如图 4.17 所示。电解液为 1mol/L CH₃CH₂OH 和 0.5mol/L H₂SO₄ 混合溶液，扫描速度为 50mV/s，电位范围为 0～1.2V，Pt/C（JM）为商业催化剂，由阿伦尼乌斯方程中峰电流密度和温度的关系，计算各个温度下反应所需的活化能，如图 4.17（a）~（f）所示。从图中观察发现，测试温度从 25℃到 60℃的过程中，峰值电流密度呈现出增加的趋势，但每个温度间隔上升的幅度是不一致的，表明测试温度升高会影响 Pt 基催化剂对乙醇催化氧化反应的稳定性。同时可以看出，随着测试温度的增加，在相同的时间内，生成 CO$_2$ 的速率增加，进而使峰值电流密度增大。

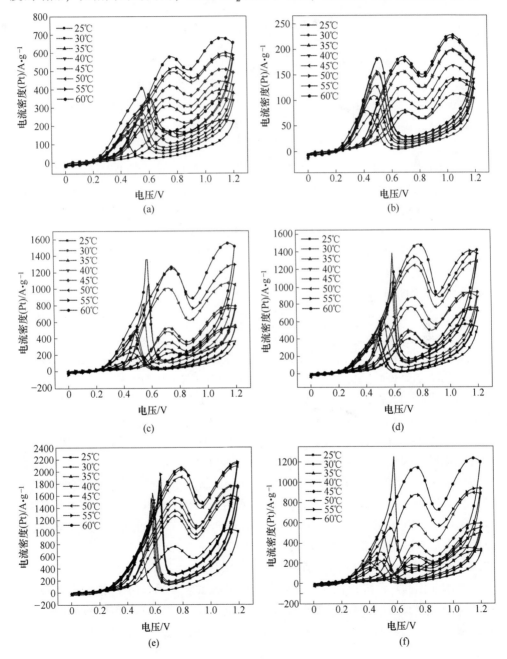

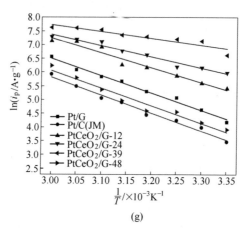

图 4.17 催化剂的变温循环伏安曲线（a~f）及拟合曲线（g）

根据 $\ln i_p$ 和 $1/T$ 作图，拟合之后可以得到斜率 k，由 $k=-W/R$ 计算得到乙醇催化氧化的活化能 W，作图如图 4.17（g）所示。各组催化剂 Pt/G、Pt/C（JM）、PtCeO$_2$/G-12、PtCeO$_2$/G-24、PtCeO$_2$/G-39、PtCeO$_2$/G-48 对应的活化能分别是 52.6kJ/mol、54.63kJ/mol、45.23kJ/mol、34.17kJ/mol、20.79kJ/mol、53.38kJ/mol。加入助催化剂 CeO$_2$ 之后，其拟合曲线比较平缓，活化能也在减小，表明其反应最容易进行，并且当加入水热时间为 39h 制备的高比表面积扫帚状 CeO$_2$ 的效果最明显，与上述分析结果相吻合。

4.3.4.8 催化剂的衰竭循环伏安曲线分析

除了催化活性之外，催化剂的稳定性也是影响 DEFC 实际应用的一个决定性因素，为了明确催化剂的稳定性，通过在 1mol/L CH$_3$CH$_2$OH 和 0.5mol/L H$_2$SO$_4$ 混合溶液中扫描 500 圈，采集每循环 100 圈的数据所作的衰竭循环伏安曲线，如图 4.18（a）~（f）所示，以及各催化剂的乙醇氧化峰电流密度随圈数的变化图，如图 4.18（g）所示，由图可看出，随着扫描循环圈数增加到 200 圈后，各组催化剂对乙醇氧化的衰竭程度减缓，这是由于随着反应的进行，吸附在 Pt 粒子表面的 CO$_{ads}$类物种被脱除，Pt 的活性位点重新起催化作用，从而使催化剂的稳定性获得一定程度的提升。在循环 500 次后，Pt/G、Pt/C（JM）商业催化剂、PtCeO$_2$/G-12、PtCeO$_2$/G-24、PtCeO$_2$/G-39 和 PtCeO$_2$/G-48 催化剂对乙醇催化氧化的峰电流密度保持率分别为 62.28%、59.39%、70.58%、73.90%、87.74% 和 67.83%，且 PtCeO$_2$/C-39 催化剂的稳定性是最优的。

上述催化剂对乙醇催化反应过程中，峰电流密度衰竭是由于在反应后期，Pt 粒子发生脱落或其表面 CO$_{ads}$类物种脱除率远远小于吸附 CO$_{ads}$类物种的速率。因此，选择较大比表面积的载体可有效提高催化剂的性能，因此，利用高比表面

CeO$_2$修饰石墨烯载体，可提高催化剂在乙醇氧化中的抗 CO$_{ads}$ 类物质的毒化，还可有效抑制催化剂中的贵金属粒子在载体上的团聚，且 CeO$_2$ 有良好的抗腐蚀性，可提高催化剂在乙醇催化氧化过程中的稳定性。

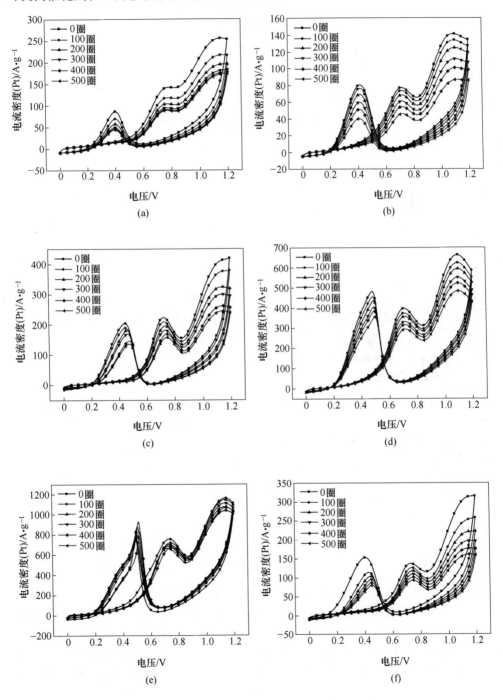

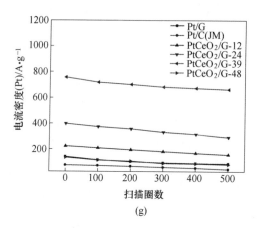

图 4.18　催化剂的衰竭循环伏安曲线 （a~f）及乙醇氧化峰
电流密度随扫描圈数的下降图 （g）

4.4　小结

（1）采用微波辅助乙二醇还原氯铂酸法成功合成了 PtCeO$_2$/G 催化剂。电化学性能测试结果表明，添加 CeO$_2$ 催化剂的催化性能均优于未添加的 Pt/G 及商业催化剂 Pt/C （JM）。同时，催化剂的电催化性能取决于 CeO$_2$ 的添加量，当 m_G：m_{CeO_2} =1∶2 时，其催化剂对乙醇的催化氧化活性、稳定性最佳，活化能最低，说明催化剂中加入适量 CeO$_2$ 可改善催化剂的抗中毒性及电催化性。

（2）通过微波辅助乙二醇还原氯铂酸法合成了不同形貌 CeO$_2$ 修饰的石墨烯负载 Pt 催化剂，结果表明，添加 CeO$_2$ 催化剂的催化性能均优于未添加的催化剂及商业催化剂。添加一定量高比面积且形貌为扫帚的 CeO$_2$ 合成的 PtCeO$_2$/G 催化剂的电催化性能和稳定性均高于另外几组，这是由于高比面积 CeO$_2$ 不仅可以氧化吸附在 Pt 表面的中间 CO$_{ads}$，还能提高催化剂粒子的分散性。说明 CeO$_2$ 的形貌和比表面积是影响 Pt 基催化剂对乙醇催化氧化能力的关键因素。

参 考 文 献

[1] Ramulifho T, Ozoemena K I, Modibedi R M, et al. Fast microwave-assisted solvothermal synthesis of metal nanoparticles （Pd, Ni, Sn） supported on sulfonated MWCNTs: Pd-based bimetallic catalysts for ethanol oxidation in alkaline medium [J]. Electrochim. Acta, 2012, 59: 310~320.

[2] Singh R N, Madhu, Awasthi R, et al. Preparation and electrochemical characterization of a new NiMoO$_4$ catalyst for electrochemical O$_2$ evolution [J]. Journal of Solid State Electrochemistry,

2009, 13 (10): 1613~1619.

[3] Lu Q Q, Huang J S, Han C, et al. Facile synthesis of composition-tunable PtRh nanosponges for methanol oxidation reaction [J]. Electrochim. Acta, 2018, 266 (1): 305~311.

[4] Rubén R, María L, Elena P, et al. Spectroelectrochemical study of carbon monoxide and ethanol oxidation on Pt/C, PtSn (3:1) /C and PtSn (1:1) /C catalysts [J]. Molecules, 2016, 21 (9): 1225~1237.

[5] Yang P P, Yuan X L, Hu H C, et al. Solvothermal synthesis of alloycd PtNi colloidal nanocrystal clusters (CNCs) with enhanced catalytic activity for methanol oxidation [J]. Adv. Funct. Mater., 2017, 28 (1): 1704774~1704782.

[6] Song H Q, Qiu X P, Guo D J, et al. Role of structural H_2O in TiO_2 nanotubes in enhancing Pt/C direct ethanol fuel cell anode electro-catalysts [J]. J. Power Sources, 2008, 178 (1): 97~102.

[7] Ribeiro N F P, Mendes F M T, Perez C A C, et al. Selective CO oxidation with nano gold particles-based catalysts over Al_2O_3 and ZrO_2 [J]. Appl. Catal. A, 2008, 347 (1): 62~71.

[8] Ioroi T, Akita T, Yamazaki S, et al. Comparative study of carbon-supported Pt/Mo-oxide and Pt-Ru for use as CO-tolerant anode catalysts [J]. Electrochim. Acta, 2006, 52 (1): 491~498.

[9] Yu S P, Liu Q B, Yang W S, et al. Graphene-CeO_2 hybrid support for Pt nanoparticles as potential electrocatalyst for direct methanol fuel cells [J]. Electrochim. Acta, 2013, 94 (1): 245~251.

[10] Bai Y X, Wu J J, Qiu X P, et al. Electrochemical characterization of $PtCeO_2$/C and Pt-$Ce_xZr_{1-x}O_2$/C catalysts for ethanol electro-oxidation [J]. Appl. Catal. B, 2007, 73 (1-2): 144~149.

[11] Gojković S L, Vidaković T R, Durović D R. Kinetic study of methanol oxidation on carbon-supported PtRu electrocatalyst [J]. Electrochim. Acta, 2003, 48 (24): 3607~3614.

[12] Tapan N A, Mustain W E, Gurau B, et al. Investigation of methanol oxidation electrokinetics on Pt using the asymmetric electrode technique [J]. J. New. Mat. Electrochem. Systems, 2004, 7 (4): 281~286.

[13] Chen W X, Lee J Y, Liu Z L. Preparation of PtRu nanoparticles supported on carbon nanotubes bymicrowave-assisted heating polyolprocess [J]. Mater. Lett, 2004,

[14] Yu S P, Liu Q B, Yang W S, et al. Graphene-CeO_2 hybrid support for Pt nanoparticles as potential electrocatalyst for direct methanol fuel cells [J]. Electrochim. Acta, 2013, 94 (1): 245~251.

5 镍添加对铂基催化剂材料电催化性能的影响

5.1 引言

直接乙醇燃料电池（DEFC）作为新型能源，对解决环境污染和能源短缺问题有着巨大的潜力。虽然直接乙醇燃料电池已经逐渐被研究，但其仍存在许多问题，如催化剂催化效率低、催化反应机理不清晰、催化剂易被中间产物毒化等。目前，DEFC 的阳极和阴极有效催化剂以 Pt 为主，由于 Pt 资源匮乏、价格高昂，并且其催化效率也有待进一步提高。因此，研究制备 Pt 基二元、三元、多元催化剂，是开发低 Pt 高效 DEFC 催化剂的关键突破点[1~4]。Lamy 等人[5]采用溶胶凝胶法制备 PtSn/C 催化剂，研究表明 Sn 加入减小了 CO 的毒化作用，显著提高催化剂的电催化能力。Spinace 等人[6]通过浸渍还原法制备 PtRu/C 催化剂，发现 Pt 粒子更容易沉淀在 Ru/C 上，并且随着 Ru 的增加，催化剂的催化效率也相应提高。Wang 等人[7]用化学还原法制备 PtRuNi/C 和 PtRu/C 阳极催化剂，在电化学活性表面积相同情况下，PtRuNi/C 对乙醇的催化活性比 PtRu/C 要高，而且抗中毒能力也更强。虽然在 Pt 基催化剂中加入一种或几种过渡金属或者金属氧化物，可以提高催化剂的催化活性，降低催化剂中贵金属 Pt 的担载量，但是其催化活性的提高只能促进乙醛向乙酸的转化，对于 C—C 键的断裂并没有明显的帮助[8]。

目前，研究人员大都集中在 Pt 基催化剂中加入贵金属作为催化剂的第三组元，如 Pt-M-Sn/C（M＝Rh、Ru、Ir 等）[9~11]，来提高催化剂对 CO_2 的选择性，促进催化反应中 C—C 键的断裂。但是，此类金属仍属于贵金属，资源稀少、价格昂贵，难以推动直接乙醇燃料电池走向商业化。然而，过渡金属 Ni 地壳含量丰富、价格低廉，并且其 3d 电子轨道只有 8 个电子，能级未被充满，形成的 d 空穴易与反应物分子形成化学吸附键，可加速催化反应的进行[12]。目前，在 Pt 基催化剂中添加非贵金属 Ni 的相关文献报道较少，且其作用机理仍不清晰。因此，本章通过在 Pt 基催化剂中添加非贵金属 Ni，采用微波辅助乙二醇还原法制备了一系列 PtNi/G 催化剂，通过 XRD、TEM、SEM+EDS、XPS 手段对催化剂进行微观结构表征，通过电化学工作站对催化剂进行了电化学测试，详细研究了 Ni 添加对 Pt 基催化剂电化学活性和稳定性的影响。明确 Ni 的添加量及作用机理，旨在制备开发一种低 Pt 高效的 DEFC 阳极催化剂。

5.2 PtNi 催化剂的制备工艺

催化剂具体制备过程：首先量取 50mL 乙二醇及氧化石墨烯加入烧杯中，再向杯内加入 $Ni(NO_3)_2 \cdot 6H_2O$，并滴入一定浓度的含 H_2PtCl_6 的乙二醇溶液（摩尔比 Pt：Ni = 7：1，6：1，5：1，4：1，3：1，2：1，1：1；催化剂中金属总担载量为 30%）。然后，超声处理 30min。随后将上述溶液微波加热，取出冷却，此过程循环 5 次。最后，再磁力搅拌，抽滤、洗涤，干燥，即可制得 Pt/G、Pt_7Ni_1/G、Pt_6Ni_1/G、Pt_5Ni_1/G、Pt_4Ni_1/G、Pt_3Ni_1/G、Pt_2Ni_1/G、Pt_1Ni_1/G 催化剂，Pt/C（JM）为商业催化剂。

5.3 PtNi 催化剂微观结构与电化学性能

5.3.1 PtNi 催化剂的 X 射线衍射分析

为了证明各组催化剂的晶体结构，对催化剂进行了 XRD 测试，如图 5.1 所示。8 组催化剂在 23.7°附近都出现了一个宽峰，其应于石墨烯的 C(002) 晶面，这说明氧化石墨烯已经被成功还原成了石墨烯。对于未添加 Ni 的 Pt/G 催化剂，其在 39.8°，46.4°，67.6°及 81.8°附近出现了四个衍射峰，其分别对应于 Pt 面心立方结构的 （111）、（200）、（220）、（311） 晶面，如图 5.1 中曲线 1 所示。对于添加了 Ni 的 PtNi/G 催化剂，XRD 图中同样显示了 Pt 面心立方结构的四个衍射峰，同时，并没有 Ni 及其氧化物的衍射峰出现，如图 5.1

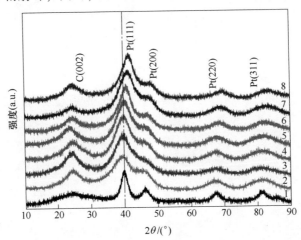

图 5.1 催化剂的 XRD 图

1—Pt/G；2—Pt_7Ni_1/G；3—Pt_6Ni_1/G；4—Pt_5Ni_1/G；5—Pt_4Ni_1/G；

6—Pt_3Ni_1/G；7—Pt_2Ni_1/G；8—Pt_1Ni_1/G

中曲线 2~8 所示，表明 Pt 与 Ni 形成了合金。此外，与 Pt/G 催化剂相比，PtNi$_x$/G 催化剂对应的 Pt 衍射峰稍微偏移到较高的角度。这是由于 Ni 固溶进入到 Pt 晶格后，导致 Pt 晶格收缩，使衍射峰向大角度进行了偏移[13]，这说明 Pt 与 Ni 形成了合金。

5.3.2　PtNi 催化剂的扫描电镜及能谱分析

图 5.2 所示为 Pt$_5$Ni$_1$/G 催化剂的扫描电镜形貌及能谱点扫、面扫图。由图 5.2（a）可看出，石墨烯表面存在大量的褶皱，这些缺陷可作为催化剂的活性位点，对催化剂纳米粒子起到锚定的作用。由图 5.2（b）~（e）面扫图分析可知，催化剂中 Pt、Ni 元素均匀地分布于石墨烯表面。选取图 5.2（a）随机两点进行点扫分析，如图 5.2（f）~（g）所示，根据测试结果可知，催化剂中摩尔比 Pt：Ni 接近 5：1，与加入比例基本吻合。

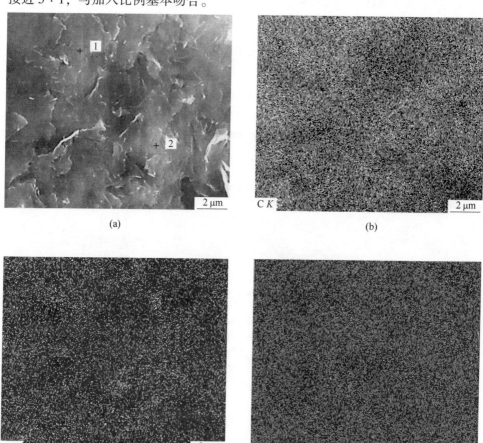

（a）　　　　　　　　　　　　　　　　（b）

（c）　　　　　　　　　　　　　　　　（d）

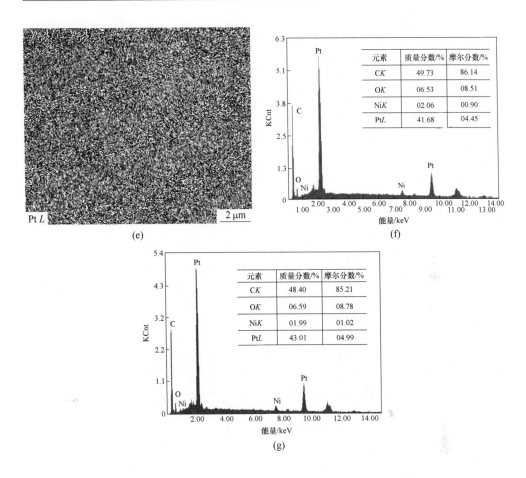

图 5.2 Pt₅Ni₁/GN 催化剂的扫描电镜图及面扫、点扫分析

（a）SEM 图像；（b）~（e）面扫分析；（f）~（g）图（a）中点 1 和点 2 的点扫分析

5.3.3 PtNi 催化剂的透射电镜（TEM）分析

图 5.3 所示为 Pt₅Ni₁/G 催化剂的透射电镜照片及粒径分布直方图（使用 Nano measurer 选取约 200 个纳米粒子统计得出）。由图 5.3（a）~（b）可知，Pt₅Ni₁/G 催化剂中，PtNi 纳米粒子较均匀地分布于石墨烯表面，其粒径分布于 2~10nm 之间，平均粒径为 5.07nm。而由图 5.3（c）所示的高分辨透射电镜图可知，PtNi 纳米粒子的晶格可以被较好地识别出来，测量图中晶格间距为 0.221nm，对应于 PtNi 的（111）晶面。该值略小于 Pt（111）晶面的晶格间距（0.230nm）[14]，原因是 Ni 原子取代 Pt 原子时发生了晶格收缩，也证明了 Ni 固溶进入了 Pt 的晶格内，形成了 PtNi 合金，这与 XRD 分析一致。

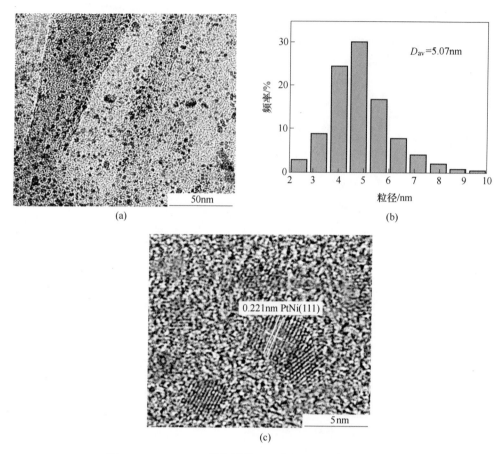

图 5.3　Pt$_5$Ni$_1$/GN 催化剂的 TEM 图（a）、对应的粒径
分布统计图（b）及高分辨透射电镜图（c）

5.3.4　PtNi 催化剂的 X 射线光电子能谱（XPS）表征

为了明确催化剂的表面电子结构与元素价态，对其进行了 XPS 测试。图 5.4
所示为 8 组不同镍加入量催化剂的 Pt 4f 及 Pt$_5$Ni$_1$/G 催化剂的 Ni 2p XPS 光谱。
对各组曲线进行拟合后，结果见表 5.1。由表可知，在本章所制备的催化剂中，
Pt 以 Pt（0）和 Pt（Ⅱ）两种状态存在，由催化剂中 Pt（0）、PtO 和 Pt(OH)$_2$
的相对强度比较可以得出，金属态的 Pt（0）占比相对较高，因此，本章制备的
催化剂适合乙醇的催化氧化反应。另外，由图 5.4（a）~（h）可知，对未添加 Ni
的 Pt/G 催化剂的 Pt 4f 图谱来说，4f 核心能级光谱由 Pt 金属态的两个峰组成，
分别为 71.35eV（Pt 4$f_{7/2}$）和 74.58eV（Pt 4$f_{5/2}$），位于 72.76eV 和 76.29eV 处
有两个小峰，分别对应于 Pt^{2+}物种 PtO 和 Pt(OH)$_2$[15]。由图还可以看出，随着
催化剂中 Ni 含量的增加，其催化剂的 Pt 4f 峰向结合能降低的方向偏移，这归因

于 Ni (1.91) 和 Pt (2.28) 之间的电负性差异，Ni 的电子则会向 Pt 转移，引起了结合能的降低，最终导致 Pt 表面的电子特性发生变化。同时，这种电子转移也降低了费米能级上的态密度，减弱了 Pt—CO 键能[16]，从而改善了催化剂对乙醇的电催化活性，与电化学性能测试相吻合。

图 5.4 (i) 所示为 Pt_5Ni_1/G 催化剂的 Ni 2p XPS 光谱，Ni 2p 光谱具有复杂的结构，由图可知，其主峰对应于结合能 855.7eV 处，在主峰附近具有高结合能 (861.4eV) 的强卫星信号，这可归因于多电子激发。在 855.6eV 和 857.3eV 的

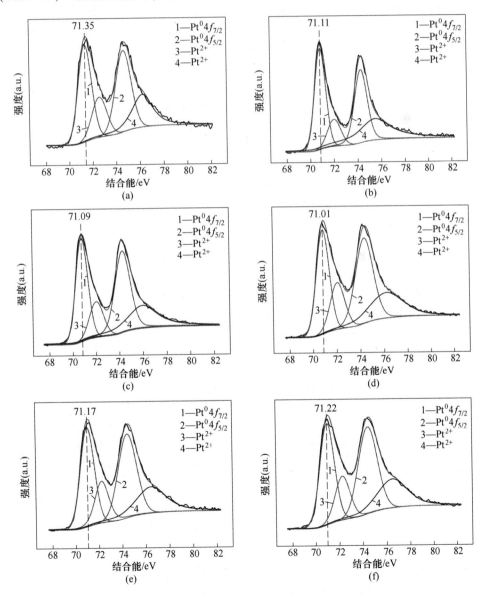

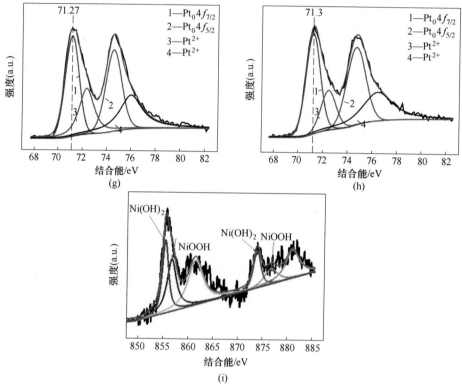

图 5.4   催化剂的 XPS 图

(a) Pt/G; (b) Pt_7Ni_1/G; (c) Pt_6Ni_1/G; (d) Pt_5Ni_1/G; (e) Pt_4Ni_1/G; (f) Pt_3Ni_1/G;

(g) Pt_2Ni_1/G; (h) Pt_1Ni_1/G; (i) Pt_5Ni_1/G 催化剂的 Ni 2pXPS 光谱

结合能下的 Ni 2p 峰可分别对应于于 Ni(OH)$_2$ 和 NiOOH[17]物质，这些含氧物质不仅可提供活性氧，促进 CO 的进一步氧化生成 CO$_2$，而且还可以在醇类催化过程中起到保护催化剂的作用，使其免受腐蚀。

表 5.1   各组催化剂的 XPS 拟合结果

样品	Pt(0)/eV	相对比例/%	Pt(Ⅱ)/eV	相对比例/%
Pt/G	71.35, 74.58	59.77	72.76, 76.29	40.23
Pt_7Ni_1/G	71.11, 74.54	60.11	72.31, 76.22	39.89
Pt_6Ni_1/G	71.09, 74.41	59.86	72.25, 76.11	41.14
Pt_5Ni_1/G	71.01, 74.39	60.36	72.26, 76.17	39.64
Pt_4Ni_1/G	71.17, 74.51	60.14	72.43, 76.52	39.86
Pt_3Ni_1/G	71.22, 74.49	58.37	72.38, 76.48	41.63
Pt_2Ni_1/G	71.27, 74.31	59.54	72.54, 76.08	40.46
Pt_1Ni_1/G	71.30, 74.62	59.89	72.67, 76.26	40.11

5.3.5 PtNi 催化剂的电化学活性表面积

图 5.5 所示为各组催化剂在 0.5mol/L H_2SO_4 电解液中的循环伏安曲线，扫描速度是 50mV/s，电位范围为 $-0.3 \sim 0.6V$（*vs* SCE），Pt/C（JM）为商业催化剂。由图可以看出九组催化剂都在 $-0.3 \sim -0.2V$（*vs* SCE）附近出现 H 的脱附峰。催化剂的电化学活性表面积（ESA）计算结果见表 5.1。由表可以看出九组电催化剂的 ESA 大小排序为 $Pt_5Ni_1/G > Pt_6Ni_1/G > Pt_7Ni_1/G > Pt_4Ni_1/G > Pt_3Ni_1/G > Pt_2Ni_1/G > Pt_1Ni_1/G > Pt/G > Pt/C$（JM）。由图可知，以石墨烯为载体的 Pt/G 及 Pt_1Ni_x/G 催化剂的电化学活性表面积都大于 Pt/C（JM）商业催化剂，这是由于石墨烯载体具有的大比表面积，富缺陷活性位的特性，其可作为锚定点，抑制 Pt 及 PtNi 纳米粒子的团聚，提高了其分散度，使得催化剂所暴露的活性位点面积增加，因此 ESA 增加。而添加了 Ni 的催化剂的 ESA 皆大于未添加的 Pt/G 催化剂，这是因为在催化剂制备过程中所形成的 NiOOH 等 Ni 氧化物层能够提高 PtNi 催化剂的质子及电子传导性，加快了 H 在 PtNi 催化剂表面的吸附与溢出过程，因此提高了催化剂的 ESA[18]。同时可以看出，随着摩尔比 Ni：Pt 的增加，催化剂的 ESA 逐渐增大，至摩尔比 Pt：Ni = 5：1 时达到 $88.9m^2/g$ 的最大值。这是由于催化剂中 Ni 的 3*d* 轨道电子未排满，容易失去部分电子转移给 Pt，使 Pt 的核外电子排布趋于稳定，减弱了 Pt 与类 CO 物种之间的吸附，释放了更多的活性位点，从而增强催化剂的电化学活性。

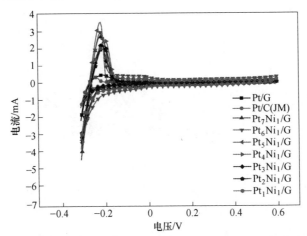

图 5.5 催化剂在饱和 N_2 的 0.5mol/L H_2SO_4 溶液中的循环伏安曲线

5.3.6 PtNi 催化剂的乙醇循环伏安表征

图 5.6 所示为各组催化剂在 1mol/L CH_3CH_2OH 和 0.5mol/L H_2SO_4 混合电解

液中的循环伏安曲线，扫描速度为 50mV/s，电位范围为 0~1.2V（*vs* SCE）。电催化电流已使用电极表面所担载 Pt 的质量进行了归一化处理。由图可知，九组催化剂的曲线都在电位正向扫描过程中出现了两个峰，在电位反向扫描过程中出现了一个峰。位于电位正向扫描的 0~0.4V（*vs* SCE）区间，曲线较为平缓；0.4~0.8V（*vs* SCE）区间出现了电流密度峰，主要对应乙醇完全氧化生成 CO_2；但在 0.8~0.9V 区间，电流密度出现了下降；电位升高到 1.0~1.1V（*vs* SCE）区间，重新出现乙醇氧化电流密度峰，Pt 被氧化成为 Pt—O；而位于电位反向扫描区间，氧化物（Pt—O）发生还原反应生成了 Pt，其表面活性位点重新暴露，出现了对乙醇氧化的电流密度峰值。由于电位正向扫区间的第一个峰对应于乙醇完全氧化生成 CO_2 的过程，且氧化峰电流密度一般作为用来评估乙醇电化学氧化的指标，所以本节选择使用正扫第一个峰的电流密度来评估催化剂的催化性能。从图 5.6 中可以看出，以石墨烯为载体的 Pt/G 及 Pt_1Ni_x/G 催化剂的峰值电流密度皆大于 Pt/C（JM）商业催化剂，这是由于以石墨烯为载体的催化剂具有更大的电化学活性表面积，催化剂表面的活性位点更多，提高了乙醇的吸附量，因此提高了峰值电流密度。而相较未添加 Ni 的 Pt/G 催化剂，添加了 Ni 的 Pt_1Ni_x/G 催化剂拥有更高的峰值电流密度。同时，随着 Pt_1Ni_x/G 催化剂中 Ni 含量的增加，峰值电流密度随之增加，并在摩尔比 Pt：Ni=5：1 时达到其最高值。

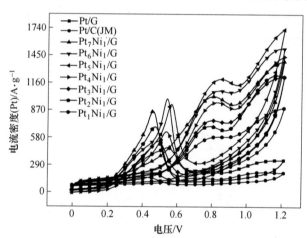

图 5.6　催化剂在 1mol/L CH_3CH_2OH 和 0.5mol/L H_2SO_4 混合溶液中的循环伏安曲线

催化剂中随着 Ni 含量的增加，其峰值电流密度呈现先增大后减小的趋势，其机理可以从以下两个方面解释：一方面，当 Ni 与 Pt 形成合金后，由于 Pt、Ni 电负性 Pt（2.28）、Ni（1.91）有明显差距，催化剂中 Ni 的 3*d* 轨道电子会部分传递给 Pt，使 Pt 的 5*d* 电子轨道趋于稳定，改变了催化剂中 Pt 表面的电子状态。同时，当 Ni 与 Pt 合金化后，降低了 Pt—CO 键能并减弱 Pt—Ni 催化剂表面上 CO

的吸附, 释放了催化剂更多的活性位点, 因此, 添加一定量的 Ni 可有效提高催化剂的催化活性。另一方面, 乙醇的电化学氧化涉及乙醇的吸附及连续脱氢、断裂 C—C 键, 随着反应的进行和质子和电子的迁徙, 在铂表面上形成了键合一氧化碳的中间体 Pt—(CO)$_{ads}$, 它强烈地吸附在催化剂 Pt 表面, 占据了乙醇吸附的活性位点, 抑制了乙醇的进一步氧化, 导致催化剂中毒。当催化剂中加入 Ni 后, 其催化剂中部分 Ni 由于被氧化以 NiO、Ni(OH)$_2$ 形式存在, 就可以提供活性氧—(OH)$_{ads}$, 这些活性氧可将吸附在催化剂表面的—(CO)$_{ads}$ 物质氧化成为 CO$_2$, 最终脱离催化剂表面, 这样就能保证乙醇分子连续不断地在催化剂表面进行电催化反应, 这非常有利于提高催化剂的抗中毒能力。然而, 当 Ni 含量进一步增加时, 催化剂表面层的 Ni 原子含量逐渐增多, 即使加入镍的"双功模式"仍然存在, 但由于催化剂中可用于乙醇催化氧化的 Pt 原子相对减少了, 那么此时的催化剂对乙醇的催化氧化则出现了下降的趋势。因此, 适量非贵金属 Ni 加入, 可有效改善 Pt 基催化剂的催化活性及抗中毒性。

5.3.7 PtNi 催化剂的计时电流 (*i-t*) 曲线分析

为了进一步研究连续工作条件下九组催化剂的催化活性, 耐久性, 进行了计时电流法 (CA) 测试。图 5.7 中表示的是各组催化剂在 1mol/L CH$_3$CH$_2$OH 和 0.5mol/L H$_2$SO$_4$ 混合电解液中的计时电流曲线, 测试电位为 0.6V (*vs* SCE), 测试时间为 1100s。由图可知, 在 0~100s 的极化时间内, 九组催化剂的电流密度快速下降, 这是由于催化剂被乙醇氧化反应中形成的中间物质如 CO$_{ads}$ 等毒化。随着极化时间的增加, Pt 表面吸附的中间物种氧化脱附与吸附过程趋于平衡, 电流

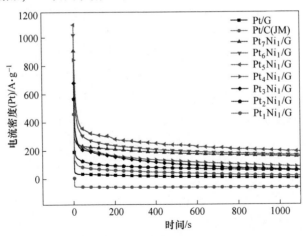

图 5.7 在饱和 N$_2$ 的 1mol/L CH$_3$CH$_2$OH 和 0.5mol/L H$_2$SO$_4$
混合溶液中催化剂的电流密度-时间 (*i-t*) 曲线

密度趋于稳定。当反应时间为 1000s 时，各组催化剂的稳态电流密度见表 5.2。可以看出，当摩尔比 Pt：Ni = 5：1 时，催化剂在 1000s 的极化测试后仍能保持 270.3A/g 的最高稳态电流密度，说明该催化剂对乙醇催化氧化的稳定性、活性最佳，与图 5.5、图 5.6 分析一致。

表 5.2　催化剂的电化学活性表面积、氧化峰电流密度及稳态电流密度

样品	ESA/m$^2 \cdot$ g^{-1}	峰电流密度/A $\cdot$ g^{-1}	稳态电流密度 */A $\cdot$ g^{-1}
Pt/G	25.2	142.5	44.5
Pt/C（JM）	17.6	77.2	13.8
Pt7Ni1/G	76.4	962.3	232.0
Pt6Ni1/G	81.3	1023.3	241.1
Pt5Ni1/G	95.2	1147.2	270.3
Pt4Ni1/G	66.4	898.2	163.3
Pt3Ni1/G	53.8	701.1	139.2
Pt2Ni1/G	52.3	637.3	133.7
Pt1Ni1/G	49.9	520.8	96.5

注：ESA 代表电化学活性表面积；* 表示测试时间为 1000s 时的稳态电流密度。

5.3.8　PtNi 催化剂的变温循环伏安曲线分析

为了考察乙醇在各组催化剂表面氧化的难易程度，因此对催化剂分别在 25℃、30℃、35℃、40℃、45℃、50℃、55℃、60℃的工作温度下进行循环伏安测试，电解液为 1mol/L CH$_3$CH$_2$OH 和 0.5 mol/L H$_2$SO$_4$ 混合溶液，扫描速度为 50mV/s，电位范围为 0~1.2V（vs SCE），得到了催化剂的变温循环伏安曲线如图 5.8（a）~（i）所示。通常，循环伏安曲线中位于电位正向扫描区域出现的电流密度峰可归因于乙醇的氧化，而电位反向扫描区域出现的电流密度峰则可归因于乙醇氧化中间产物的进一步反应。由图可知，从 25~60℃，随着温度的升高，各组催化剂对乙醇氧化的峰值电流密度逐渐增大，这是由于，随着温度升高，乙醇分子运动剧烈程度提高，于催化剂表面吸附的乙醇分子数量增加，提高了乙醇的氧化速度所致。同时，图中负扫方向的氧化峰值电流密度随着工作温度的升高也显著增加，这是因为，在反应过程中，CO 等中间产物在较高温度时氧化速度加快，其氧化产生的 CO$_2$ 均以气体形式逸出，反应朝正向进行，提高了峰值电流密度。

根据阿伦尼乌斯方程，使用 lni_p 和 $1/T$ 作图，拟合之后可以得到斜率，由 $k = -W/R$ 计算得到乙醇催化氧化的活化能 W，作图如图 5.8（j）所示。拟合之后九组催化剂相应的活化能分别是：Pt/G 52.60kJ/mol，Pt/C（JM）商业催化剂 54.63kJ/mol，Pt$_7$Ni$_1$/G 24.59kJ/mol，Pt$_6$Ni$_1$/G 23.70kJ/mol，Pt$_5$Ni$_1$/G 23.34

kJ/mol，Pt_4Ni_1/G 25.44kJ/mol，Pt_3Ni_1/G 26.08kJ/mol，Pt_2Ni_1/G 31.25kJ/mol，Pt_1Ni_1/G 35.01kJ/mol。可以看出，本书所研究的催化剂活化能均低于 Pt/C（JM）商业催化剂，因此乙醇催化反应更容易发生。同时可知，与未添加 Ni 的 Pt/G 相比，添加 Ni 后的催化剂的活化能明显降低，且当摩尔比 Pt：Ni = 5：1 时，催化剂的活化能最低，在该催化剂表面乙醇催化氧化反应最容易发生，这与上述电化学测试的结论一致。

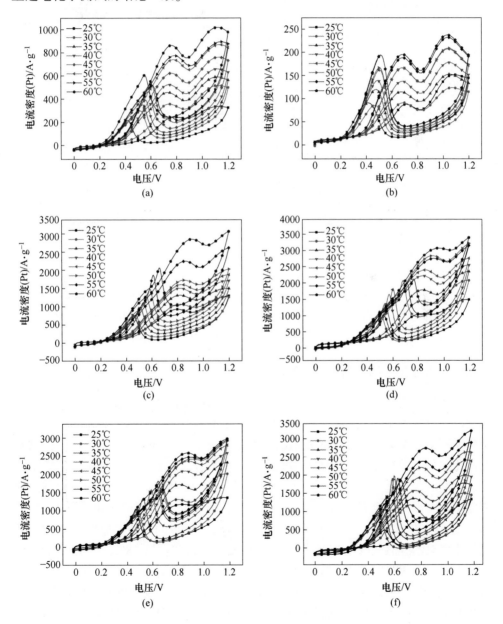

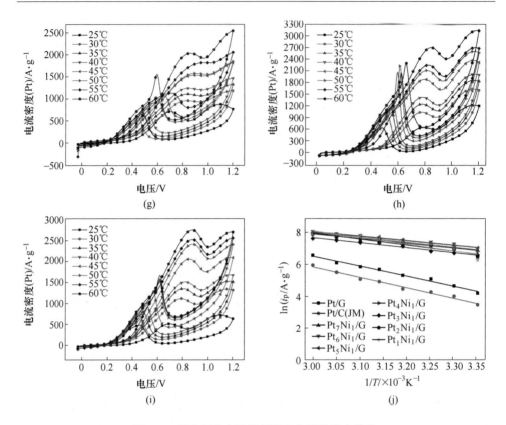

图 5.8　催化剂的变温循环伏安曲线及拟合曲线

(a) Pt/G；(b) Pt/C (JM)；(c) Pt$_7$Ni$_1$/G；(d) Pt$_6$Ni$_1$/G；(e) Pt$_5$Ni$_1$/G；(f) Pt$_4$Ni$_1$/G；
(g) Pt$_3$Ni$_1$/G；(h) Pt$_2$Ni$_1$/G；(i) Pt$_1$Ni$_1$/G；(j) 9 种催化剂的拟合曲线

5.3.9　PtNi 催化剂的衰竭循环伏安曲线分析

　　除了催化活性之外，催化剂的稳定性也是影响 DEFC 实际应用的一个决定性因素。通过在 1mol/L CH$_3$CH$_2$OH 和 0.5mol/L H$_2$SO$_4$ 混合溶液中扫描 500 圈，采集每循环 100 圈的数据所作的衰竭循环伏安曲线，如图 5.9 (a)~(i) 所示，以及各催化剂的乙醇氧化峰电流密度随圈数的变化图，如图 5.9 (j) 所示，研究了九组催化剂的稳定性。从图 5.9 (i) 中可看出，在 500 圈循环后，九组催化剂的峰值电流密度都有一定程度的降低，这可能是由于催化剂被乙醇氧化中间产物 CO 所毒化、Pt 或 PtNi 纳米粒子的聚集长大、碳载体材料的腐蚀等原因导致的。九组催化剂对乙醇氧化峰电流密度的保持率分别为 Pt/G：62.28%，Pt/C (JM) 商业催化剂：59.39%，Pt$_7$Ni$_1$/G：82.68%，Pt$_6$Ni$_1$/G：83.21%，Pt$_5$Ni$_1$/G：84.19%，Pt$_4$Ni$_1$/G：80.23%，Pt$_3$Ni$_1$/G：78.80%，Pt$_2$Ni$_1$/G：75.31%，Pt$_1$Ni$_1$/G：70.36%。由此可知，本研究合成的催化剂的稳定性皆高于 Pt/C (JM) 商业催化剂，这是由于，与商业催化剂所使用的炭黑载体相比，石墨烯的结构更为稳定，耐腐蚀性更好，其表面缺陷活性位点更多，对 Pt 及 PtNi 纳米粒子的锚定效果更好，抑制了其聚集长大，因此提高了催化剂的稳定性。同时可知，与未添加 Ni 的 Pt/G 相比，添加 Ni 后的催化剂的稳定性有所提高，这是由于添加 Ni 的催化剂表面所形成的 Ni 氧化物能够提高催化剂在酸液中的耐蚀性，同时，Ni 氧化物的存在也能够提供活性物质 OH，使得催化剂的抗 CO 中毒能力提高，因此催化剂的稳定性提高了。同时可以看到，当 Pt/Ni 的摩尔比为 5∶1 时，催化剂对乙醇氧化峰电流密度的保持率最高，说明其稳定性最好，与上述电化学测试结论一致。

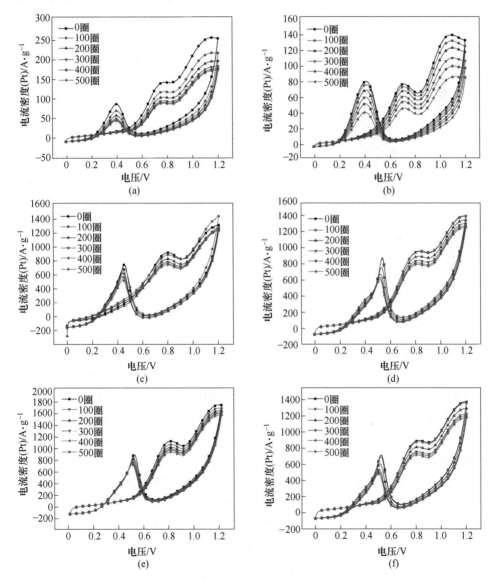

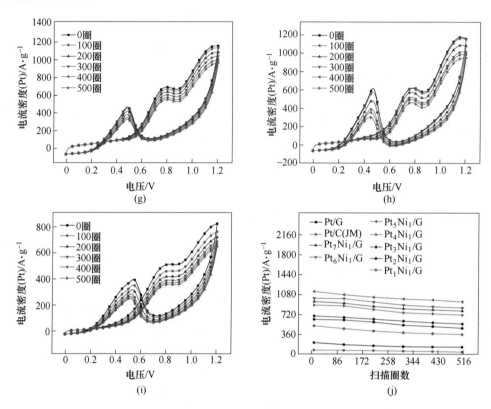

图 5.9 催化剂的衰竭循环伏安曲线（a~i）及乙醇氧化峰电流密度与扫描圈数的关系图（j）
(a) Pt/G；(b) Pt/C（JM）；(c) Pt_7Ni_1/G；(d) Pt_6Ni_1/G；(e) Pt_5Ni_1/G；(f) Pt_4Ni_1/G；
(g) Pt_3Ni_1/G；(h) Pt_2Ni_1/G；(i) Pt_1Ni_1/G；(j) 电流密度与扫描圈数的关系图

5.4 小结

本章通过改变 Pt 和 Ni 前驱体的摩尔比，可以容易地控制纳米催化剂的组成和电催化活性。利用电化学工作站研究了不同摩尔比 Pt：Ni 下催化剂在酸性溶液（0.5mol/L 的 H_2SO_4）中乙醇氧化的电催化特性，评价了其组成和电子特性对催化剂催化性能的影响。添加非贵金属 Ni 的 PtNi 催化剂不仅降低了贵金属 Pt 的使用量，还提高催化剂的电催化活性。当摩尔比 Pt：Ni=5：1 时，催化剂表现出最高的对乙醇电催化活性。Ni 添加后对催化剂的催化活性有明显的促进作用，这是由于 Ni 加入不仅可提供活性氧—OH_{ads}，促进催化剂表面 CO 进一步氧化为 CO_2。而且 Ni 电子向 Pt 转移，改变了催化剂表面 Pt 原子的电子特性，减弱了 Pt—CO 的化学能，从而提高了催化剂的效率，这说明通过加入一定量镍，不仅可降低催化剂中贵金属的担载量，也提高了催化剂的催化活性。

参 考 文 献

[1] Wang Z M, Wei X, Peng W, et al. On-line electrochemical transmission infrared spectroscopic study of Pb^{2+} enhanced C-C bond breaking in the ethanol oxidation reaction [J]. Acta Physico-Chimica Sinica [J], 2016, 32 (6): 1467~1472.

[2] Feng L G, Zhao X, Yang J, et al. Electrocatalytic activity of Pt/C catalysts for methanol electro-oxidation promoted by molybdovanadopHospHoricacid [J]. Catalysis Communications, 2011, 14 (1): 10~14.

[3] Linares, J Jose, Rocha, et al. Different anode catalyst for high temperature polybenzimidazole-based direct ethanol fuel cells [J]. International Journal of Hydrogen Energy, 2013, 38 (1): 620~630.

[4] 蔡超, 陈亚男, 傅凯林, 等. 质子交换膜燃料电池中 Pt/C 及 Pt 合金/C 催化剂的衰退机制研究综述 [J]. 材料导报, 2017, 31 (9): 20~26.

[5] Lamy C, Rousseau S, Belgsir E M, et al. Recent progress in the direct ethanol fuel cell: development of new platinum－tin electrocatalysts [J]. Electrochimica Acta, 2004, 49 (22~23): 3901~3908.

[6] Spinace E, Neto A O, Lindari M. Electro-oxidation of methanol and ethanol using PtRu/C electrocatalysts prepared by spontaneous deposition of platinum on carbon-supported ruthenium nanoparticles [J]. J. Power Sources, 2004, 129 (2): 121~126.

[7] Wang Z B, Yin G P, Zhang J, et al. Effects of MEA preparation on the performance of a direct methanol fuel cell [J]. J. Power Sources, 2006, 160 (2): 1035~1040.

[8] Vigier F, Coutanceau C, Hahn F, et al. On the mechanism of ethanol electro-oxidation on Pt and PtSn catalysts: electrochemical and in situ IR reflectance spectroscopy studies [J]. Journal of Electroanalytical Chemistry, 2004, 563 (1): 81~89.

[9] Takeguchi T, Wang G, Muhamad E N, et al. The effect of modification of PtRu anode catalyst with SnO_2 on CO tolerance [J]. ECS Transactions, 2008, 16 (2): 713.

[10] Zhao L H, Mitsushima S, Ishihara A, et al. $Pt-Ir-SnO_2$/C electrocatalysts for ethanol oxidation in acidic media [J]. Chinese Journal of Catalysis, 2011, 32 (11-12): 1856~1863.

[11] Lee E, Park I S, Manthiram A. Synthesis and characterization of Pt-Sn-Pd/C catalysts for ethanol electro oxidation reaction [J]. Journal of PHysical Chemistry C, 2010, 114 (23): 10634~10640.

[12] 辛勤, 许杰. 现代催化化学 [M]. 北京: 科学出版社, 2016: 9.

[13] Jeon T Y, Yoo S J, Cho Y H, et al. Influence of oxide on the oxygen reduction reaction of carbon-supported Pt-Ni alloy nanoparticles [J]. The Journal of PHysical Chemistry C, 2009, 113 (45): 19732~19739.

[14] Zhang H, Yin Y J, Hu Y J, et al. Pd@ Pt core-shell nanostructures with controllable composition synthesized by a microwave method and their enhanced electrocatalytic activity toward oxygen reduction and methanol oxidation [J]. The Journal of PHysical Chemistry C, 2010, 114 (27):

11861~11867.

[15] Zhang K, Yue Q L, Chen G F, et al. Effects of acid treatment of Pt-Ni alloy nanoparticles@ graphene on the kinetics of the oxygen reduction reaction in acidic and alkaline solutions [J]. The Journal of Physical Chemistry C, 2011, 115 (2): 379~389.

[16] An K, Alayoglu S, Musselwhite N, et al. Enhanced CO oxidation rates at the interface of mesoporous oxides and Pt nanoparticles [J]. Journal of the American Chemical Society, 2013, 135 (44): 16689~16696.

[17] Shobha T C, Aravina L, Bera P, et al. Characterization of Ni-Pd alloy as anode for methanol oxidative fuel cell [J]. Materials Chemistry and Physics, 2003, 80 (3): 656~661.

[18] Hu Y J, Wu P, Yin Y J, et al. Effects of structure, composition, and carbon support properties on the electrocatalytic activity of Pt-Ni-grapHenenanocatalysts for the methanol oxidation [J]. Applied Catalysis B: Environmental, 2012, 111~112 (5): 208~217.

6 CeO₂、Ni 共添加对铂基催化剂材料电催化性能的影响

6.1 引言

目前，直接醇类燃料电池催化剂的研究热点集中在二元催化剂，一方面，将 Pt 与其他过渡金属（例如 Cu、Ni、Co）进行合金化，另一方面，将金属氧化物作为辅助催化剂加入制备得到二元催化剂。在各种金属氧化物助剂中，CeO_2 由于其具有丰富的氧空位和表面上稳定的 Ce^{3+} 活性位点，能提高电子传导速率等优点，此外，CeO_2 在酸性环境中表现出更高的储氧能力和稳定性，因此被研究者们广泛关注。在不同的催化反应中，催化活性和选择性很大程度上取决于金属—载体电子相互作用及金属组分的大小、分散度[1]。但研究发现，与二元催化剂相比，三元催化剂拥有更高的催化活性。Lee 等人[2]发现，加入 SnO_2 为助剂的 Pt-Sb-SnO₂/C 催化剂表现出比 Pt-Sb/C 更高的 EOR 活性和稳定性。Kowal 等人[3]通过阳离子吸附/还原—电流置换法合成了负载在高比表面积碳材料表面的 Pt-Rh-SnO₂ 纳米团簇，与 Pt/C 或 Pt-Rh/C 相比，对乙醇中 C—C 键的断裂效果更好，且其对乙醇完全氧化为 CO_2 的选择性更高。Souza 等人[4]发现，与 Pt/C 和 PtRu/C ETEK 材料相比，PtCeO₂/C（1∶3）具有更高的乙醇电氧化活性。Luengnaruemitchai 等人[5]研究了 Pt-Pd/CeO₂ 催化剂，发现其与 Pt-Pd 催化剂相比，对乙醇催化氧化中间产物 CO 的氧化能力有显著的增强。这说明研究开发多元催化剂是提高催化剂性能的重要思路。

但是，目前多元 Pt 基催化剂对乙醇电催化氧化反应的研究还处于起步阶段，而且，多元催化剂贵金属使用量居高不下，且反应机理和各组分之间的相互作用仍不清楚，尤其是氧化物与金属以及氧化物与合金之间协同作用缺乏全面系统的实验研究，这限制了直接乙醇燃料电池的深入研究和发展。因此，本章希望通过在添加非贵金属 Ni 的基础上，同时添加稀土氧化物 CeO_2，并使用微波辅助乙二醇还原氯铂酸法制备得到了 Pt-Ni-CeO₂/G 三元催化剂，通过 XRD、TEM、SEM+EDS、XPS 手段对催化剂进行微观结构表征，通过电化学工作站对催化剂进行了电化学性能测试，采用电化学原位红外光谱研究了乙醇在催化剂表面的氧化过程。详细地研究了 Ni 及 CeO_2 的添加对 Pt 基催化剂电化学活性和稳定性的影响规律及作用机理，研究开发出高性能的新型三元催化剂。

6.2　添加 CeO$_2$、Ni 催化剂的制备工艺

催化剂具体制备过程：将 50mL 乙二醇及氧化石墨烯加入烧杯中，再向杯内加入 Ni(NO$_3$)$_2$·6H$_2$O 和 CeO$_2$，并滴入一定浓度的含 H$_2$PtCl$_6$ 的乙二醇溶液（催化剂中金属总担载量为 30%）。超声处理约 30 min。然后放入微波反应器中加热，冷却，此过程循环 5 次。然后磁力搅拌，抽滤，干燥，即可得到 Pt/G、Pt$_5$Ni$_1$/G、PtCeO$_2$/G、Pt$_5$Ni$_1$CeO$_2$/G 4 组催化剂。

6.3　添加 CeO$_2$、Ni 催化剂的微观结构与电催化性能

6.3.1　添加 CeO$_2$、Ni 催化剂的 X 射线衍射分析

图 6.1 所示为四组催化剂的 XRD 测试图。由图可知，4 组催化剂都在 23.7°附近出现了一个宽峰，对应于石墨烯的 C(002) 晶面，图 6.1 中曲线 1 对应于 Pt/G 催化剂，在 39.8°、46.4°、67.6°及 81.8°附近出现了 4 个衍射峰，分别对应于 Pt 面心立方结构的 (111)、(200)、(220)、(311) 晶面；对于仅添加了 Ni 的 Pt$_5$Ni$_1$/G 催化剂（曲线 2），也出现了 Pt 面心立方结构的 4 个衍射峰，且 Pt 各晶面的衍射峰都向大角度进行了偏移，没有 Ni 及其氧化物的衍射峰出现，表明 Pt 与 Ni 形成了合金；对于仅添加了 CeO$_2$ 的 PtCeO$_2$/G 催化剂（曲线 3），在 39.8°、46.4°、67.6°及 81.8°也出现了 Pt 面心立方结构的 4 个衍射峰，说明 CeO$_2$ 的添加并未改变 Pt 的晶体结构，而在 28.5°、33.1°和 56.3°出现了另外 3 个特征衍射峰，分别对应面心立方结构 CeO$_2$ 的 (111)、(220) 和 (311) 晶面。对于 Ni 及 CeO$_2$ 共添加的 Pt$_5$Ni$_1$CeO$_2$/G 催化剂（曲线 4），也出现了 Pt 面心立

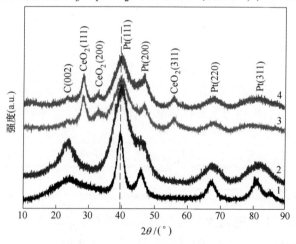

图 6.1　催化剂的 XRD 图

1—Pt/G；2—Pt$_5$Ni$_1$/G；3—PtCeO$_2$/G；4—Pt$_5$Ni$_1$CeO$_2$/G

方结构的 4 个衍射峰，且其皆向大角度进行了偏移，而在 28.5°、33.1°和 56.3°也出现了 CeO$_2$ 的 3 个特征衍射峰，同时也可以看出，添加了 CeO$_2$ 的两组催化剂，Pt 晶面的衍射峰有一点宽化，这表明添加 CeO$_2$ 有助于提高 Pt 纳米粒子的分散度，从而促进了催化剂性能的提高。

6.3.2　添加 CeO$_2$、Ni 催化剂的扫描及能谱分析

为了明确催化剂各元素的分布情况，对 Pt$_5$Ni$_1$CeO$_2$/G 催化剂进行了 SEM 及面扫、点扫分析，如图 6.2 所示。对图 6.2（a）进行面扫描分析，如图 6.2（b）~（f），由此可知，催化剂中 Ce、O 元素主要分布于面扫图的中心位置，而 C、Pt 元素均匀地分布在边缘部分，由于 Ni 在催化剂中含量较少，在 SEM 的面扫图中显示不明显。由图 6.2（g）和（h）所示的点扫图可以看出，PtNi 金属纳米粒子主要分布在石墨烯表面，催化剂中 Pt 与 Ni 的摩尔比接近 5∶1，与加入比例基本吻合。

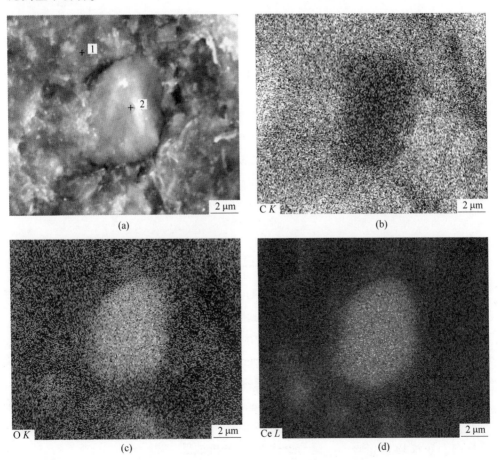

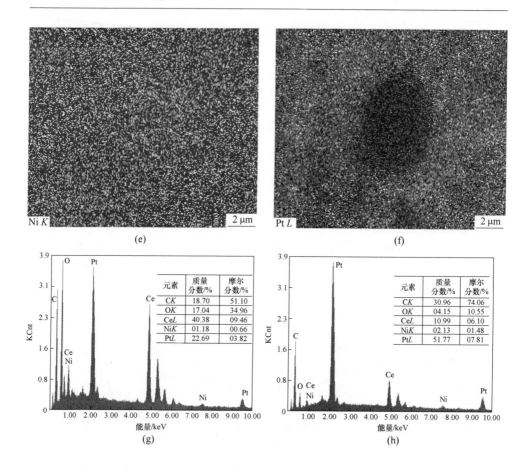

图 6.2　Pt₅Ni₁CeO₂/G 催化剂的 SEM 图（a）和面扫分析结果（b~f）及
图（a）中点 1 和点 2 的 EDS 分析结果（g, h）

6.3.3　添加 CeO₂、Ni 催化剂的透射电镜分析

　　图 6.3 所示为三元催化剂 Pt₅Ni₁CeO₂/G 的透射电镜图及粒径分布直方图。由图 6.3（a）和（b）可知，PtNi 纳米粒子均匀地分布于石墨烯表面，粒径分布于 1~10nm 之间，平均粒径为 4.53nm，图 6.3（c）所示为 Pt₅Ni₁CeO₂/G 催化剂的高分辨透射电镜图，可以看出，催化剂中各物质的晶格可以被较好地识别出来，图中 0.332nm 的晶格间距对应于标准 CeO₂ 的（111）晶面，0.222nm 的晶格间距对应于 PtNi 的（111）晶面。由晶粒统计图可知，PtNi（111）晶面的晶格间距略小于标准 Pt（111）晶面的晶格间距（0.230nm）[6]，说明 Ni 固溶于 Pt 晶格内，导致 Pt 晶格收缩。这与上述 XRD 分析结果一致。

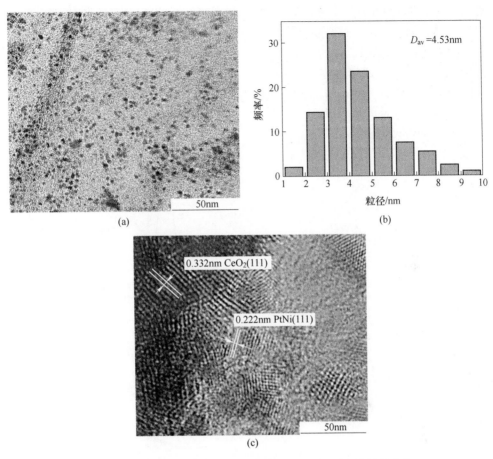

图 6.3　Pt$_5$Ni$_1$CeO$_2$/G 催化剂的 TEM 图 （a）、对应的粒径分布
统计图 （b） 及高分辨透射电镜图 （c）

6.3.4　添加 CeO$_2$、Ni 催化剂的 X 射线光电子能谱分析

为了明确各催化剂的表面电子结构与元素价态，对 4 组催化剂进行了 XPS 测
试。图 6.4 （a）~（d） 所示为 4 组催化剂的 Pt 4f 区域的 XPS 光谱。对 4 组曲线
进行拟合后，结果见表 6.1。由图 6.4 （a）~（d） 可知，在各组催化剂的 Pt 4f 图
谱中，Pt 皆以 Pt （0）、Pt （Ⅱ） 两种状态存在。同时由表 6.1 可以看出，4 组催
化剂中 Pt 主要是以金属态 Pt （0） 的形式存在。对 Pt/G 催化剂的 Pt 4f 核心能级
光谱来说，其由 Pt 金属态的两个峰组成，分别为 71.35eV （Pt 4$f_{7/2}$） 和 74.58
eV （Pt 4$f_{5/2}$），同时，位于 72.76eV 和 76.29eV 处有两个小峰，则分别对应于
Pt^{2+} 物种 PtO 和 Pt（OH）$_2$[7]。与 Pt/G 催化剂相比，添加了 CeO$_2$ 的 PtCeO$_2$/G，
其 Pt 4f 轨道的结合能同样也发生了偏移，变化值为 0.05eV，该偏移可能是由于

Pt 与 CeO₂ 之间存在的强烈相互作用[8]。而添加了 Ni 的 Pt_5Ni_1/G 催化剂的 Pt 4f 轨道的结合能发生了偏移，变化值为 0.26eV，其原因为，Ni(1.91) 和 Pt(2.28) 之间的电负性差异导致 Ni 的电子向 Pt 转移[9]。对于 $Pt_5Ni_1CeO_2/G$ 催化剂，其 Pt 4f 轨道结合能的偏移量较大，达到了 0.34eV，原因可能为，Ni 对 Pt 电子特性的影响占主导地位，且 CeO₂ 的添加提高了 PtNi 纳米粒子的分散度，增大了 PtNi 纳米粒子的比表面积所致。

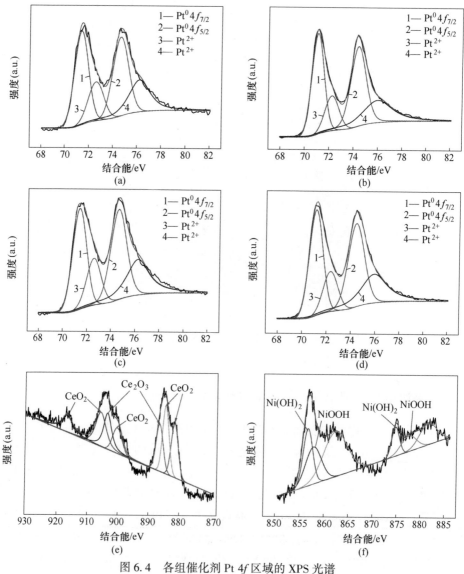

图 6.4 各组催化剂 Pt 4f 区域的 XPS 光谱

(a) Pt/G；(b) $PtCeO_2/G$；(c) Pt_5Ni_1/G；(d) $Pt_5Ni_1CeO_2/G$；

(e)，(f) $Pt_5Ni_1CeO_2/G$ 催化剂 Ce 3d、Ni 2p 区域的 XPS 光谱

表 6.1　各组催化剂的 XPS 拟合结果

样　品	Pt（0）/eV	相对比例/%	Pt（Ⅱ）/eV	相对比例/%
Pt/G	71.35, 74.58	59.77	72.76, 76.29	40.23
PtCeO$_2$/G	71.40, 74.64	62.09	72.46, 76.27	37.91
Pt$_5$Ni$_1$/G	71.09, 74.43	60.43	72.26, 76.17	39.57
Pt$_5$Ni$_1$CeO$_2$/G	71.01, 74.38	63.22	72.29, 75.88	36.78

图 6.4（e）所示为 Pt$_5$Ni$_1$CeO$_2$/G 催化剂的 Ce 3d 区域的 XPS 光谱，由图可知，位于 883.0eV、885.3eV、901.8eV 、907.7eV 和 917.5eV 附近的峰主要对应于 Ce 3d 中 Ce^{4+}，而位于 887.4eV 和 904.1eV 的峰则对应于 Ce^{3+}[10]。图 5.4（f）所示为 Pt$_5$Ni$_1$CeO$_2$/G 催化剂的 Ni 2p 区域的 XPS 光谱，从图中可以看出，催化剂中 Ni 组分以 Ni（OH）$_2$ 和 NiOOH 两种形式存在。催化剂表面的 Ni 氧化物层能够提高催化剂的质子及电子传导性，同时也可以增强催化剂的耐蚀性[11]。

6.3.5　添加 CeO$_2$、Ni 催化剂的电化学活性表面积

图 6.5 所示为各组催化剂在 0.5mol/L H$_2$SO$_4$ 电解液中的循环伏安曲线。由图可以看出，5 组催化剂都在 −0.3 ~ −0.2V（vs SCE）附近出现 H 的脱附峰。ESA 计算结果见表 6.2，Pt/C（JM）为商业催化剂。可以看出，本章制备的 Pt/G、PtCeO$_2$/G、Pt$_5$Ni$_1$/G、Pt$_5$Ni$_1$CeO$_2$/G 催化剂（图 6.5（a） ~ （d））的 ESA 皆大于商业催化剂 Pt/C（JM）。而与未添加的 Pt/G 催化剂相比，添加了 CeO$_2$ 的 PtCeO$_2$/G 催化剂的 ESA 也大于 Pt/G 催化剂，原因可能为，添加 CeO$_2$

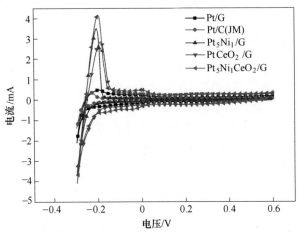

图 6.5　催化剂在饱和 N$_2$ 的 0.5mol/L H$_2$SO$_4$ 溶液中的循环伏安曲线

可有效减小 Pt 纳米粒子的粒径, 提高其分散度, 从而提高催化剂的 ESA[12]。同样, 添加了 Ni 的 Pt$_5$Ni$_1$/G 拥有更大的 ESA, 这是由于, 在催化剂制备过程中所形成的 Ni 氧化物层能够提高 PtNi 催化剂的质子及电子传导性, 加快了 H 在 PtNi 催化剂表面的吸附与溢出过程, 因此提高了催化剂的 ESA。同时, 由表 6.2 可以看出, Ni 及 CeO$_2$ 共添加的 Pt$_5$Ni$_1$CeO$_2$/G 拥有最大的 ESA 101.9m^2/g, 这可能是由于 PtNi 纳米粒子表面的 Ni 氧化物层加快了 H 的吸附与溢出, 同时 CeO$_2$ 提高了 PtNi 纳米粒子的分散度, 增加了 PtNi 纳米粒子表面活性位点的数量, 在两者的协同作用下, 增大了 Pt$_5$Ni$_1$CeO$_2$/G 催化剂的 ESA。

表 6.2　催化剂的电化学活性表面积、氧化峰电流密度及稳态电流密度

样品	ESA/m$^2 \cdot$ g^{-1}	峰电流密度/A · g^{-1}	稳态电流密度*/A · g^{-1}
Pt/G	25.2	142.5	44.5
Pt/C（JM）	17.6	77.2	13.8
Pt$_5$Ni$_1$/G	95.2	1147.2	270.1
PtCeO$_2$/G	84.9	757.2	146.7
Pt$_5$Ni$_1$CeO$_2$/G	101.9	1448.3	334.7

注：ESA 代表电化学活性表面积；* 表示测试时间为 1000s 时的稳态电流密度。

6.3.6　添加 CeO$_2$、Ni 催化剂的乙醇循环伏安表征

图 6.6 所示为各组催化剂在 1mol/L CH$_3$CH$_2$OH 和 0.5mol/L H$_2$SO$_4$ 混合电解液中的循环伏安曲线, 扫描速度为 50mV/s, 电位范围为 0~1.2V, Pt/C（JM）为商业催化剂。5 组催化剂的峰值电流密度见表 6.2。由图 6.6 和表 6.2 可以看出, 本章制备的 4 组催化剂 Pt/G、PtCeO$_2$/G、Pt$_5$Ni$_1$/G、Pt$_5$Ni$_1$CeO$_2$/G 的峰值电流密度皆大于商业催化剂 Pt/C（JM）。而与未添加的 Pt/G 催化剂相比, 添加了 CeO$_2$ 的 PtCeO$_2$/G 催化剂的峰值电流密度也大于 Pt/G 催化剂, 其原因如下: 一是 Ce 具有+3 和+4 变价的特性, 可将 CeO$_2$ 看成储氧放氧的容器, O$_2$ 浓度较低时放氧, 较高时储氧, 从而减弱 CO 的吸附反应; 二是 "双功能机理", 通常情况下是利用 CeO$_2$ 表面吸附的含氧活性物质将 Pt 表面吸附的 CO 氧化, 生成 CO$_2$ 后逸出。具体为在低电位时吸附大量的含氧物种如—OH$_{ads}$, 其可与 Pt 表面的 CO 进行氧化反应生成 CO$_2$。且 CeO$_2$ 的添加促进了 Pt 纳米粒子的分散, 减小了 Pt 纳米粒子的粒径, 提高了 Pt 的利用率, 因此增大了峰值电流密度。同时, 添加了 Ni 的 Pt$_5$Ni$_1$/G 催化剂的峰值电流密度更大, 这是由于催化剂中 Ni 对 Pt 电子状态的改变, 减弱了 PtNi 催化剂表面上 CO 的吸附强度; 同时, Pt-Ni 合金催化剂表面上所含的 Ni 氧化物可提供 OH 物质, 可氧化乙醇氧化反应中间体 CO, 并再生 Pt 活化位点以用于乙醇吸附, 提高了催化剂对乙醇催化氧化的峰值

电流密度。而 Ni 及 CeO₂ 共添加的 Pt₅Ni₁CeO₂/G 催化剂的峰值电流密度最大，为 1448.3A/g，其峰值电流密度有较大幅度提高的原因可能为，Pt₅Ni₁CeO₂/G 催化剂拥有最大的电化学活性表面积，同时，Ni 及 CeO₂ 共添加极大地提高了催化剂抗 CO 中毒能力，因此 Ni 和 CeO₂ 两者协同作用，提高了 Pt₅Ni₁CeO₂/G 催化剂对乙醇催化氧化的峰值电流密度。

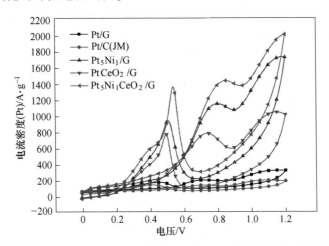

图 6.6　催化剂在 1mol/L CH₃CH₂OH 和 0.5mol/L H₂SO₄ 混合溶液中的循环伏安曲线

6.3.7　添加 CeO₂、Ni 催化剂的计时电流（i-t）曲线分析

图 6.7 所示为各组催化剂在 1mol/L CH₃CH₂OH 和 0.5mol/L H₂SO₄ 混合电解液中的计时电流曲线，测试电位为 0.6V（vs SCE），测试时间为 1100s，Pt/C（JM）为商业催化剂。5 组催化剂的稳态电流密度见表 6.2。由图 6.7 和表 6.2 可知，本文所制备的 4 组催化剂 Pt/G、PtCeO₂/G、Pt₅Ni₁/G、Pt₅Ni₁CeO₂/G 的稳态电流密度均高于商业催化剂 Pt/C（JM）。同时，Ni 及 CeO₂ 共添加的 Pt₅Ni₁CeO₂/G 催化剂的稳态电流密度最大。综合分析，Pt₅Ni₁CeO₂/G 催化剂的稳定性及抗 CO 中毒能力最好，对乙醇的催化氧化性能最佳。

6.3.8　添加 CeO₂、Ni 催化剂的变温循环伏安曲线分析

图 6.8 所示为各组催化剂的变温循环伏安曲线（a~e）及对应的表观活化能（f），测试温度范围为 25℃、30℃、35℃、40℃、45℃、50℃、55℃、60℃，电解液为 1mol/L CH₃CH₂OH 和 0.5 mol/L H₂SO₄ 混合溶液，扫描速度为 50mV/s，电位范围为 0~1.2V（vs SCE）。由图 6.8（a）~（e）可知，随着测试温度逐渐提高，5 组催化剂的峰值电流密度均出现增大。根据阿伦尼乌斯方程，使用 $\ln i_p$ 和 $1/T$ 作图，拟合之后可以得到斜率，由 $k = -W/R$ 计算得到乙醇催化氧化的活

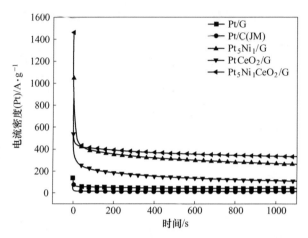

图 6.7 在饱和 N₂ 的 1mol/L CH₃CH₂OH 和 0.5mol/L H₂SO₄ 混合溶液中
催化剂的电流密度-时间（i-t）曲线

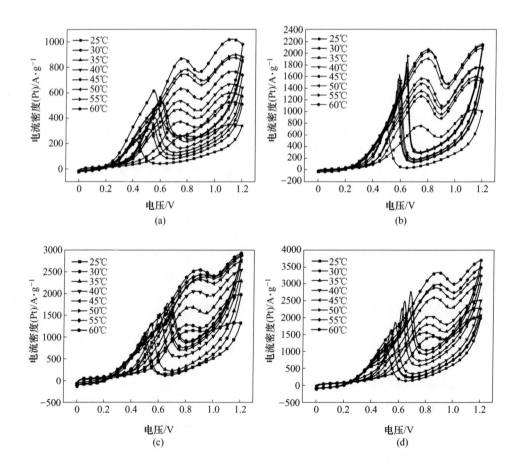

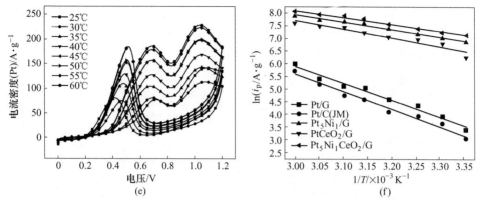

图 6.8　催化剂的变温循环伏安曲线（a～e）及拟合曲线（f）

(a) Pt/G；(b) Pt/C（JM）；(c) Pt₅Ni₁/G；(d) PtCeO₂/G；

(e) Pt₅Ni₁CeO₂/G；(f) 5 组催化剂的拟合曲线

化能 W，如图 6.8（f）所示。拟合之后 5 组催化剂相应的活化能分别是 52.60kJ/mol、23.34kJ/mol、27.75kJ/mol、21.61kJ/mol、54.63kJ/mol。由此可知，本部分所制备的催化剂 Pt/G、PtCeO₂/G、Pt₅Ni₁/G、Pt₅Ni₁CeO₂/G 的活化能都低于商业催化剂 Pt/C（JM），说明乙醇在 4 组催化剂 Pt/G、PtCeO₂/G、Pt₅Ni₁/G、Pt₅Ni₁CeO₂/G 表面的催化氧化反应更容易进行。同时可知，在添加 Ni 或 CeO₂ 后，催化剂对乙醇催化氧化反应的活化能明显降低，且 Ni 及 CeO₂ 共添加的 Pt₅Ni₁CeO₂/G 催化剂的活化能最低，在该催化剂表面乙醇催化氧化反应最容易进行，这与上述电化学测试结论相符。

6.3.9　添加 CeO₂、Ni 催化剂的衰竭循环伏安曲线分析

图 6.9 所示为各组催化剂的衰竭循环伏安曲线（a～e）及对应的乙醇氧化峰电流密度随圈数的变化图（f）。测试电解液为 1mol/L CH₃CH₂OH 和 0.5mol/L H₂SO₄ 混合溶液，扫描圈数为 500 圈。由图可知，经过 500 圈循环伏安测试后，5 组催化剂的峰值电流密度保持率分别为 62.28%、59.39%、84.23%、82.67%、87.26%。可以看出，Pt/G、PtCeO₂/G、Pt₅Ni₁/G、Pt₅Ni₁CeO₂/G 催化剂的峰值电流密度保持率都高于商业催化剂 Pt/C（JM），说明本章所制备催化剂的电催化活性及稳定性要高于商业催化剂。同时可知，添加了 Ni 或 CeO₂ 的 Pt₅Ni₁/G 及 PtCeO₂/G 催化剂的峰值电流密度保持率都要高于未添加的 Pt/G 催化剂，这是由于对于 Pt₅Ni₁/G 催化剂，其表面的 Ni 氧化物层能够提高其抗腐蚀性能，增强催化剂的稳定性，而对 PtCeO₂/G 催化剂，CeO₂ 的添加能够提高石墨烯载体的耐腐蚀能力，同时，Pt 纳米粒子与 Ni 或 CeO₂ 之间存在协同作用，使吸附在 Pt 表面的 CO_ads 类物种被脱除的效率提高，因此提高了催化剂的峰值电流密度保持率。而对于 Ni 及 CeO₂ 共添加的 Pt₅Ni₁CeO₂/G 催化剂，其 500 圈测试后的峰值电流

密度保持率是最高的，达到了 87.26%，这是由于 Ni 及 CeO₂ 间的协同作用进一步提高了催化剂的稳定性及抗 CO 中毒能力，因此 $Pt_5Ni_1CeO_2/G$ 催化剂对乙醇催化氧化的活性及稳定性最好，这与上述电化学测试结论一致。

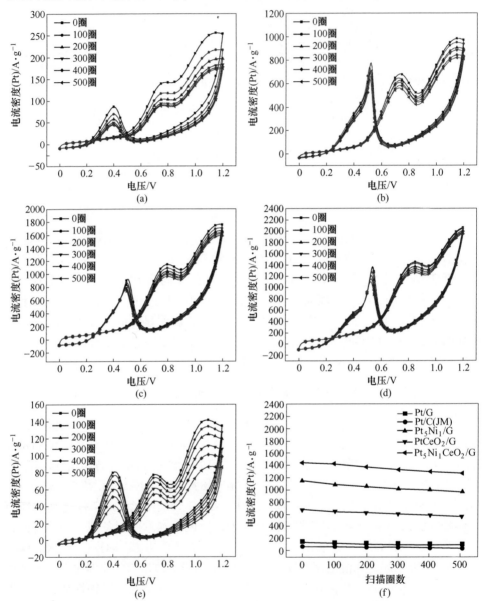

图 6.9　催化剂的衰竭循环伏安曲线（a~e）及乙醇氧化峰电流密度与
扫描圈数关系图（f）

（a）Pt/G；（b）Pt/C（JM）；（c）Pt_5Ni_1/G；（d）$PtCeO_2/G$；

（e）$Pt_5Ni_1CeO_2/G$；（f）电流密度与扫描圈数的关系图

6.3.10 添加 CeO_2、Ni 催化剂的电化学原位红外光谱分析

电化学原位红外光谱可在催化剂催化过程中记录数据,据此可鉴定催化剂对乙醇的催化氧化反应的产物,并在分子水平上评估乙醇氧化的选择性。在实验开始时所记录的光谱为参考光谱 (R (E_R)),电极电位为 0V,样品光谱 (R (E_S)) 收集的电位范围是 0~0.60V,间隔为 0.1V,测试的波数范围是 900~3000cm^{-1}。

6.3.10.1 乙醇在不同催化剂上的氧化过程

图 6.10 显示了在乙醇催化氧化过程中 4 组催化剂的原位红外光谱,由图可知,随着电位的增加,出现了许多光谱带,负光谱带表示产物的生成,正光谱带表示反应物的消耗。表 6.3 所列为各光谱带的位置及其所归属的物种。由此可知,4 组催化剂对乙醇催化氧化的产物包括 CO_2、CH_3COOH 和 CH_3CHO,这是酸性溶液中乙醇催化氧化的主要产物,与文献报道的一致[13,14]。由图 6.10 可以看出,位于 2345cm^{-1} 附近的谱带对应于 CO_2 中 O=C=O 的不对称拉伸振动特征峰,它是由乙醇的完全氧化而产生的,反映了乙醇氧化中 C—C 键的裂解。而位于 1720cm^{-1} 附近的谱带则是乙酸和乙醛中 C=O 键的伸缩振动,在该波数处可能存在重叠,其来自乙醇的不完全氧化。同时,在 1280cm^{-1} 处的谱带表示的是乙酸中 C—O 键伸缩的特征峰,可用于 CH_3COOH 的定量分析。在 1047cm^{-1} 处的正向谱带归因于 CH_3CH_2OH 中 C—O 键的伸缩振动,其表示的是乙醇由于氧化所产生的消耗。

表 6.3 原位红外光谱的峰归属

l/cm	峰归属
2345	CO_2 中 O=C=O 键的不对称拉伸振动
1720	乙酸和乙醛中 C=O 键的伸缩振动
1370	乙醛和乙酸中 C—H 键的对称变形振动
1280	乙酸中 C—O 键的伸缩振动
1047	CH_3CH_2OH 中 C—O 键的伸缩振动

由图 6.10 可知,在 2345cm^{-1} 的吸收峰处,对于 Pt/G、Pt_5Ni_1/G 催化剂,其催化氧化乙醇开始产生 CO_2 的电位为 0.3V。对 $PtCeO_2$/G、$Pt_5Ni_1CeO_2$/G 来说,CO_2 的形成电位为 0.2V。由此可知,添加过渡族金属 Ni 并不能改变催化剂断裂乙醇中 C—C 键产生 CO_2 的选择性。而添加 CeO_2 后,催化剂却能在较低电位下产生 CO_2,主要原因是,一方面,CeO_2 的加入能够提高催化剂的分散度,增加了其利用率,促进了 CO_2 的生成;另一方面,CeO_2 在低电位时吸附含氧物种如

—OH$_{ads}$，提高了氧化产物 CO 向 CO$_2$ 的转化率。同时由图 6.10 可知，在 1720cm^{-1} 的吸收峰处，与 Pt/G 催化剂相比，PtCeO$_2$/G、Pt$_5$Ni$_1$/G、Pt$_5$Ni$_1$CeO$_2$/G 3 组催化剂产生 CH$_3$COOH 及 CH$_3$CHO 的电位（0.2V）更低。而在 1280cm^{-1} 的吸收峰处，与 Pt/G 催化剂（0.4V）相比，PtCeO$_2$/G（0.2V）、Pt$_5$Ni$_1$/G（0.2V）、Pt$_5$Ni$_1$CeO$_2$/G（0.1V）3 组催化剂拥有更低的 CH$_3$COOH 产生电位。这说明了，CeO$_2$ 的加入能够使乙醇在更低电位下产生 CO$_2$、CH$_3$COOH 和 CH$_3$CHO。Ni 的添加能够促进乙醇在更低电位下形成 CH$_3$COOH 和 CH$_3$CHO。综上所述，催化剂中三元 Pt$_5$Ni$_1$CeO$_2$/G 催化剂催化氧化乙醇的电位最低，这是由于 Ni 及 CeO$_2$ 的协同作用所致，说明三元催化剂对乙醇的催化氧化更彻底，其性能更优越。

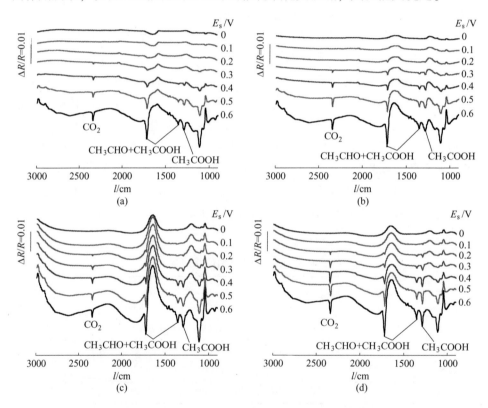

图 6.10　乙醇在催化剂表面氧化的原位红外光谱图

(a) Pt/G；(b) Pt$_5$Ni$_1$/G；(c) PtCeO$_2$/G；(d) Pt$_5$Ni$_1$CeO$_2$/G

6.3.10.2　乙醇在不同电位上的氧化程度

为了验证对 Ni 和 CeO$_2$ 的协同效应的推测和初步探讨不同催化剂在电催化氧化乙醇的反应机理，我们做了 4 组催化剂在 CO$_2$（2345cm^{-1} 处）、CH$_3$COOH

（1280cm⁻¹ 处）、CH₃COOH + CH₃CHO （1370cm⁻¹ 处）及 CH₃COOH + CH₃CHO
（1720cm⁻¹ 处）积分强度随电位的变化关系曲线图，如图 6.11 所示，由图可知，
随着电位的升高，所有产物的积分强度都出现了增大，但对于 CO₂（2345cm⁻¹）
谱带，其积分强度在低电位（小于 0.3V）下增大幅度较明显，而在高电位（大
于 0.4V）下，其积分强度增加的趋势较小。而对于 CH₃COOH （1280cm⁻¹）、
CH₃COOH+CH₃CHO （1370cm⁻¹）及 CH₃COOH+CH₃CHO （1720cm⁻¹）谱带，其
积分强度随着电位越高，增大的趋势越强，这是由于当电位升高时，吸附在催化
剂表面的含氧物质会越多，这促进了 CH₃CH₂OH 直接氧化产生 CH₃COOH
和 CH₃CHO。

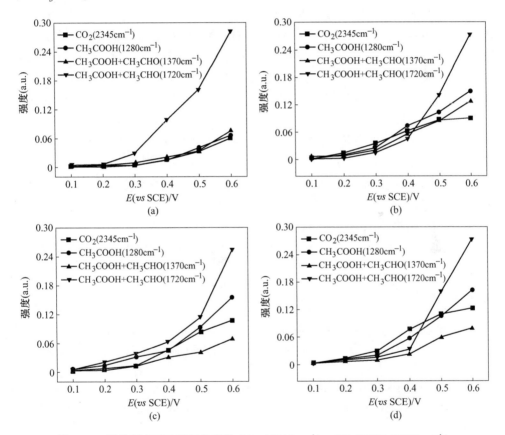

图 6.11 催化剂表面乙醇氧化产物 CO₂ （2345cm⁻¹），CH₃COOH （1280cm⁻¹），
CH₃COOH+CH₃CHO （1370cm⁻¹）及 CH₃COOH+CH₃CHO （1720cm⁻¹）的积分强度图
(a) Pt/G；(b) PtCeO₂/G；(c) Pt₅Ni₁/G；(d) Pt₅Ni₁CeO₂/G

实验结果表明，加入 Ni 、CeO₂ 的催化剂 PtCeO₂/G、Pt₅Ni₁/G、
Pt₅Ni₁CeO₂/G 在 2345cm⁻¹ 处的 CO₂ 的积分强度增强趋势不大，说明其对 CO₂ 的

选择性并没有明显改善。然而，Pt_5Ni_1/G、$PtCeO_2/G$ 催化剂在 $1280cm^{-1}$ 处 CH_3COOH 峰强及 $1720\ cm^{-1}$ 处 $CH_3COOH + CH_3CHO$ 峰强在更低的电位（0.2V）下出现增大，而对于 Ni 和 CeO_2 共添加的三元催化剂 $Pt_5Ni_1CeO_2/G$，其于 $1280cm^{-1}$ 处 CH_3COOH 峰强及 $1720\ cm^{-1}$ 处 $CH_3COOH + CH_3CHO$ 峰强却在 0.1V 的电位下便开始出现增大，这是 Ni 与 CeO_2 协同作用的结果，Ni、CeO_2 的添加降低了乙醇转化为乙醛、乙酸的起始电位，从而促进了反应，说明 $Pt_5Ni_1CeO_2/G$ 三元催化剂对乙醇具有更高的催化活性。

6.4 小结

本章采用微波辅助乙二醇还原法成功制备得到了 Pt/G、$PtCeO_2/G$、Pt_5Ni_1/G、$Pt_5Ni_1CeO_2/G$ 4 组催化剂，探究了 Ni 及 CeO_2 的添加对催化剂催化性能的影响，结果表明，添加了 Ni、CeO_2 后，催化剂中 Pt $4f$ 的结合能发生了改变，而 Ni 及 CeO_2 共添加后，其结合能偏移量最大，原因为 Ni 对 Pt 电子特性的影响处于主导地位，且 CeO_2 的添加提高了 PtNi 纳米粒子的分散度，提高了 PtNi 纳米粒子的利用率所致。同时，与单元 Pt/G 及二元 $PtCeO_2/G$、Pt_5Ni_1/G 催化剂相比，三元催化剂 $Pt_5Ni_1CeO_2/G$ 的电化学活性表面积更大，对乙醇催化氧化活性及稳定性更高，活化能更低。通过电化学原位红外光谱对乙醇在催化剂表面的氧化过程进行了表征，可知，对三元催化剂 $Pt_5Ni_1CeO_2/G$，能够促进催化剂在较低电位下将乙醇氧化成为乙酸，促进了乙醇氧化成为乙酸的 4 电子转移过程，这是 Ni 及 CeO_2 协同作用的结果，改变了目前大部分催化剂在电位小于 0.6V 时，其产物以乙醛为主的现状，因此，三元催化剂 $Pt_5Ni_1CeO_2/G$ 对乙醇催化氧化性能最佳。

参 考 文 献

[1] Zhan W C, Wang J F, Wang H F, et al. Crystal structural effect of AuCu alloy nanoparticles on catalytic CO oxidation [J]. Journal of the American Chemical Society, 2017, 139 (26)：8846~8854.

[2] Lee K S, Park I S, Cho Y H, et al. Electrocatalytic activity and stability of Pt supported on Sb-doped SnO_2 nanoparticles for direct alcohol fuel cells [J]. Journal of Catalysis, 2008, 258 (1)：143~152.

[3] Kowal A, Gojković S L, Lee K S, et al. Synthesis, characterization and electrocatalytic activity for ethanol oxidation of carbon supported Pt, Pt-Rh, $Pt-SnO_2$ and $Pt-Rh-SnO_2$ nanoclusters [J]. Electrochemistry Communications, 2009, 11 (4)：724~727.

[4] De Souza R F B, Flausino A E A, Rascio D C, et al. Ethanol oxidation reaction on $PtCeO_2/C$ electrocatalysts prepared by the polymeric precursor method [J]. Applied Catalysis B：Environmental, 2009, 91 (1~2)：516~523.

[5] Parinyaswan A, Pongstabodee S, Luengnaruemitchai A. Catalytic performances of Pt-Pd/CeO₂ catalysts for selective CO oxidation [J]. International Journal of Hydrogen Energy, 2006, 31 (13): 1942~1949.

[6] Zhang H, Yin Y J, Hu Y J, et al. Pd@Pt core-shell nanostructures with controllable composition synthesized by a microwave method and their enhanced electrocatalytic activity toward oxygen reduction and methanol oxidation [J]. The Journal of Physical Chemistry C, 2010, 114 (27): 11861~11867.

[7] Zhang K, Yue Q L, Chen G F, et al. Effects of acid treatment of Pt-Ni alloy nanoparticles@ graphene on the kinetics of the oxygen reduction reaction in acidic and alkaline solutions [J]. The Journal of Physical Chemistry C, 2011, 115 (2): 379~389.

[8] Feng L G, Yang J, Hu Y, et al. Electrocatalytic properties of PdCeO$_x$/C anodic catalyst for formic acid electrooxidation [J]. International Journal of Hydrogen Energy, 2012, 37 (6): 4812~4818.

[9] An K, Alayoglu S, Musselwhite N, et al. Enhanced CO oxidation rates at the interface of mesoporous oxides and Pt nanoparticles [J]. Journal of the American Chemical Society, 2013, 135 (44): 16689~16696.

[10] Li H, Wang G F, Zhang F, et al. Surfactant-assisted synthesis of CeO₂ nanoparticles and their application in wastewater treatment [J]. RSC Advances, 2012, 2 (32): 12413~12418.

[11] Shobha T C, Aravina L, Bera P, et al. Characterization of Ni-Pd alloy as anode for methanol oxidative fuel cell [J]. Materials Chemistry and Physics, 2003, 80 (3): 656~661.

[12] Zhao Y Y, Zhou Y K, Xiong B, et al. Facile single-step preparation of Pt/N-graphene catalysts with improved methanol electrooxidation activity [J]. Journal of Solid State Electrochemistry, 2013, 17 (4): 1089~1098.

[13] Ramulifho T, Ozoemena K I, Modibedi R M, et al. Fast microwave-assisted solvothermal synthesis of metal nanoparticles (Pd, Ni, Sn) supported on sulfonated MWCNTs: Pd-based bimetallic catalysts for ethanol oxidation in alkaline medium [J]. Electrochim. Acta, 2012, 59: 310~320.

[14] Zhou Y, Gao Y F, Liu Y C, et al. High efficiency Pt-CeO₂/carbon nanotubes hybrid composite as an anode electrocatalyst for direct methanol fuel cells [J]. Journal of Power Sources, 2010, 195: 1605~1609.

7　氮掺杂石墨烯负载铂催化剂的制备与催化性能研究

7.1　引言

　　石墨烯是目前世界上最薄的纳米材料，仅有一个原子的厚度，但同时又具有超高的机械强度。与碳纳米管相比，石墨烯表现出相似的物理化学性质但有着更高的比表面积，可以看作是纵向剖开的单壁碳纳米管。在直接醇类燃料电池领域，石墨烯的兴起使得下一代高性能阳极催化剂的制备和应用成为可能。众多研究结果表明，相对于传统的碳材料载体，石墨烯负载的贵金属催化剂对催化氧化反应表现出显著增强的电催化活性和抗中毒能力。但是以石墨烯为载体的催化剂在电催化的过程中催化剂颗粒仍存在易脱离载体发生团聚的问题。研究表明，将氮和硼等杂原子掺杂进入石墨烯晶格中可以带来更多的益处。其中，氮掺杂石墨烯的研究较为广泛，其可以通过调节碳材料的化学和物理性质从而拓展其在燃料电池领域的应用[1,2]。

　　目前，氮掺杂石墨烯的制备方法主要有甲烷和氨的化学气相沉积（CVD）[3]、氧化石墨烯（GO）与含氮化合物及氨气同时进行热退火[4]、石墨烯的氮等离子体处理等[5]。但是上述几种方法其制备过程相对较为复杂，反应时间长，反应温度普遍较高，对基底材料和实验设备的要求苛刻。因此，本章采用反应速度快、反应温度可控、操作简单的一锅微波法制备氮掺杂催化剂，以NMP（1-甲基-2-吡咯烷酮）为N源，通过调节石墨烯与NMP的比例，探究NMP加入量对Pt/N-G电催化剂的微观结构和电催化活性的影响，探索通过氮掺杂石墨烯达到改善催化剂催化性能的可能性。

7.2　氮掺杂石墨烯负载铂催化剂的制备工艺

　　催化剂具体制备过程：取50mL乙二醇及氧化石墨烯加入烧杯中，再向杯内加入NMP（质量比G∶NMP＝1∶25，1∶50，1∶100，1∶150，1∶200，1∶250），再滴入一定浓度的H_2PtCl_6溶液。超声处理30min。随后将上述溶液微波加热，取出冷却，此过程循环5次。然后磁力搅拌，抽滤，干燥，即可得到7组Pt/N_x-G（x＝0，25，50，100，150，200，250）催化剂，见表7.1。

表 7.1　不同条件的 7 组催化剂

序　号	样　品	质量比 G∶NMP
1	Pt/G	—
2	Pt/N$_{25}$-G	1∶25
3	Pt/N$_{50}$-G	1∶50
4	Pt/N$_{100}$-G	1∶100
5	Pt/N$_{150}$-G	1∶150
6	Pt/N$_{200}$-G	1∶200
7	Pt/N$_{250}$-G	1∶250

7.3　氮掺杂石墨烯负载铂催化剂材料微观结构与电化学性能

7.3.1　氮掺杂石墨烯负载铂催化剂的物相分析

图 7.1 所示为 7 组氮掺杂石墨烯制备的催化剂 XRD 图谱，由图可知，所有催化剂均在 23.7°处出现了一个宽的衍射峰，其对应于石墨烯或 N-石墨烯的 (002) 晶面，说明氧化石墨烯已经成功还原成为石墨烯或 N-石墨烯。此外，各组催化剂均在 39.1°附近出现了强的衍射峰，对应于 Pt 的 (111) 晶面，而位于 46.2°的肩峰及 67.5°、81.1°处的弱峰则分别对应于 Pt 的 (200)、(220) 和 (311) 晶面。并且由图可知，与 Pt/G 相比，Pt/N$_x$-G 催化剂中 Pt 各晶面的衍射峰都有较为明显的宽化，说明在石墨烯晶格中掺杂 N 元素能够减小

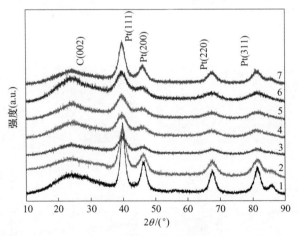

图 7.1　催化剂的 XRD 图

1—Pt/G；2—Pt/N$_{25}$-G；3—Pt/N$_{50}$-G；4—Pt/N$_{100}$-G；

5—Pt/N$_{150}$-G；6—Pt/N$_{200}$-G；7—Pt/N$_{250}$-G

Pt 的晶粒尺寸，也能提高其分散度。同时可以看出，随着 NMP 添加量的增加，Pt 各晶面衍射峰逐渐宽化，但是，当催化剂中质量比 G：NMP = 1：250 时，其催化剂各晶面衍射峰的峰宽又出现变窄现象，推断催化剂粒子又出现了增大的趋势。

7.3.2 氮掺杂石墨烯负载铂催化剂扫描及能谱分析

为了明确催化剂中各元素的分布情况，对 Pt/N$_{200}$-G 催化剂进行了 SEM 及面扫、点扫分析，如图 7.2 所示。由图 7.2（a）可知，石墨烯表面存在许多褶皱，并且对图 7.2（a）进行了面扫描分析（见图 7.2（b）~（e）），可知催化剂中 C、N 和 Pt 分布均匀。为了进一步研究各元素的含量，对图 7.2（a）中的随机两点进行了点扫分析（见图 7.2（f）~（g）），从图中可以看出，N 元素已成功掺杂进入石墨烯中。

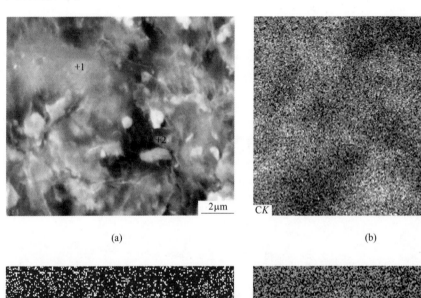

(a)   (b)

(c)

(d)

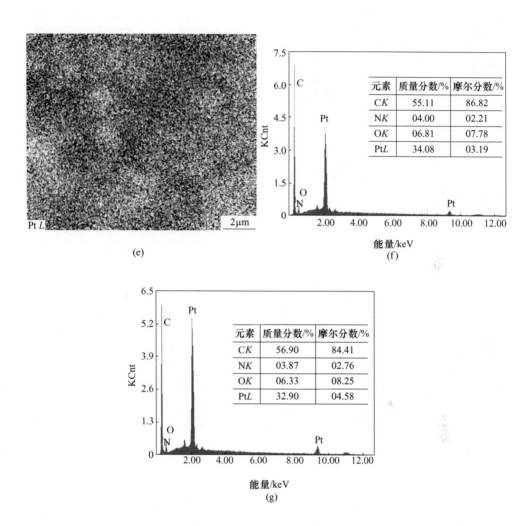

图 7.2　Pt/N$_{200}$-G 催化剂的 SEM 图（a）和面扫分析结果（b~e）及
图（a）中点 1 和点 2 的 EDS 分析结果（f，g）

7.3.3　氮掺杂石墨烯负载铂催化剂的透射电镜表征

为了明确氮掺杂对催化剂微观结构、分布情况、粒子大小的影响，对各
组催化剂进行了 TEM 表征，图 7.3 所示为不同氮掺杂样品的 TEM 图及其所
对应的粒径分布柱状图。选取放大倍数为 150000 倍的 TEM 图片，通过
Nano measurer 软件随机取 200 颗以上的纳米粒子来求得粒径尺寸，最后再求
出其平均值。

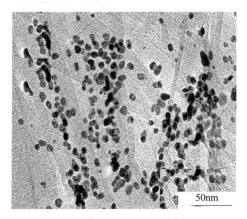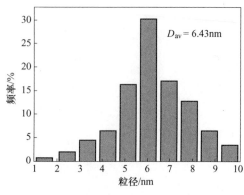

(a)

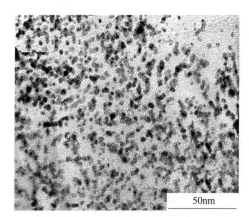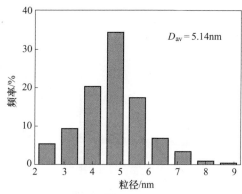

(b)

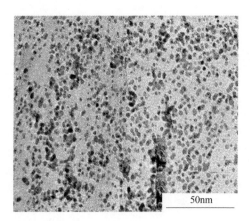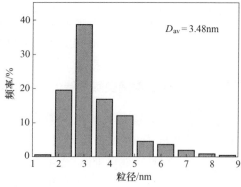

(c)

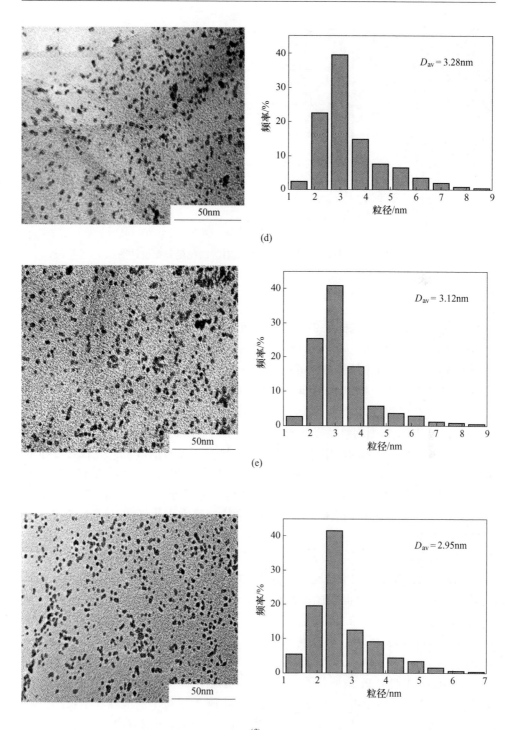

(d)

(e)

(f)

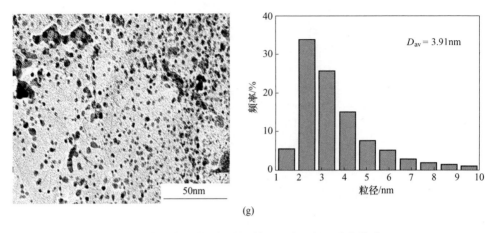

(g)

图 7.3　各组催化剂的透射电镜及对应的粒径分布统计图

(a) Pt/G；(b) Pt/N$_{25}$-G；(c) Pt/N$_{50}$-G；(d) Pt/N$_{100}$-G；

(e) Pt/N$_{150}$-G；(f) Pt/N$_{200}$-G；(g) Pt/N$_{250}$-G

　　由图 7.3 可知，各组样品中的 Pt 纳米粒子成功负载到了石墨烯上，且呈现明显的球状形貌。由图 7.3 (a) 可看出，未掺 N 的 Pt/G 催化剂中 Pt 纳米粒子的团聚程度严重，由粒径分布图可知，其粒径分布范围为 1~10nm，平均粒径大小为 6.43nm。由图 7.3 (b) 可知，Pt/N$_{25}$-G 催化剂中 Pt 纳米粒子有较为明显的细化，但是团聚程度较严重，其粒径分布范围为 2~9nm，平均粒径大小为 5.14nm，较 Pt/G 的平均粒径降低 35.6%。由图 7.3 (c) 可知，Pt/N$_{50}$-G 催化剂中 Pt 纳米粒子较 Pt/N$_{25}$-G 相比进一步细化，团聚程度有所降低，其粒径分布范围为 1~9nm，平均粒径大小为 3.48nm，较 Pt/N$_{25}$-G 的平均粒径降低 15.2%。由图 7.3 (d) 可以看出，Pt/N$_{100}$-G 催化剂中 Pt 纳米粒子的分散度较 Pt/N$_{50}$-G 有较大的提升，其粒径分布范围为 1~9nm，平均粒径大小为 3.28nm，较 Pt/N$_{50}$-G 的平均粒径降低 6.5%。由图 7.3 (e) 可知，Pt/N$_{150}$-G 催化剂中 Pt 纳米粒子仅有少许的团聚颗粒，分散度较好，其粒径分布范围为 1~9nm，平均粒径大小为 3.12nm，较 Pt/N$_{100}$-G 的平均粒径降低 9.5%。由图 7.3 (f) 可知，Pt/N$_{200}$-G 催化剂中 Pt 纳米粒子几乎没有团聚，分散度最好，其粒径分布范围较窄，为 1~7nm，平均粒径大小为 2.95nm，较 Pt/N$_{150}$-G 的平均粒径降低 9.1%。而从图 7.3 (g) 可以看出，Pt/N$_{250}$-G 催化剂又重新出现了较为严重的团聚现象，其粒径分布范围较宽，为 1~10nm，平均粒径大小为 3.91nm。由以上分析可知，氮掺杂的 Pt/N$_x$-G 催化剂中 Pt 纳米粒子的平均粒径明显小于未掺氮的 Pt/G 催化剂，这说明，在石墨烯晶格中掺杂 N 原子，可能会对 Pt 纳米粒子的成核和生长产生影响，使得 Pt 纳米粒子的粒径更小，分散度更高。同时也可以看出，随着 NMP 加入量的增加，催化剂中 Pt 纳米粒子的平均粒径呈现出降低的趋势，当质量比

G：NMP＝1：200 时（Pt/N$_{200}$-G 催化剂），其 Pt 纳米粒子的平均粒径最小且分散度最优。这是由于 N 原子在石墨烯中的掺杂部位可作为金属颗粒的形核位点，当晶粒长大速度一定时，随着石墨烯中 N 含量的逐渐增加，石墨烯表面的形核中心也随之增加，提高了催化剂粒子的形核率，便会在石墨烯表面产生较多并且尺寸较小的 Pt 纳米晶粒。但是随着 NMP 加入量的继续增加，Pt/N$_{250}$-G 催化剂中 Pt 纳米颗粒又重新出现了团聚，这可能是因为过量 NMP 所产生的过氧自由基会过多的覆盖石墨烯表面缺陷位点，使得纳米颗粒形核位点减少，纳米颗粒聚集于剩余的形核位点附近，造成团聚。

7.3.4　氮掺杂石墨烯负载铂催化剂的拉曼光谱分析

拉曼光谱是用于表征石墨烯结构缺陷和掺杂水平的一种非常有用的工具[6~8]。图 7.4 所示为 Pt/G、Pt/N$_{200}$-G 催化剂的拉曼光谱图。由图可知，Pt/G 催化剂的拉曼光谱图显示出两个突出的峰：位于 1335cm^{-1} 处的 D 峰对应于石墨阶梯边缘和缺陷特性，而位于 1595cm^{-1} 处的 G 峰，则与石墨烯六边形框架内 sp2 杂化碳原子中存在的 E2g 振动模式相关。而掺杂氮的 Pt/N$_{200}$-G 催化剂的 D 带与 G 带红移至了 1331cm^{-1} 处和 1590cm^{-1} 处，这是由于在微波加热还原反应过程中，NMP 分解产生的过氧自由基与氧化石墨烯表面的含氧官能团反应，改变了石墨烯的结构与能级，引起了缺陷增加，导致 D 和 G 峰出现了红移[9]。另外，通常采用 D 模与 G 模的强度比（I_D/I_G）来衡量碳材料的无序度，当 I_D/I_G 比值越大，样品的缺陷则越多。对图 7.4 中 Pt/G 和 Pt/N$_{200}$-G 两种材料 D 模和 G 模面积进行积分，计算出两种催化剂材料的 I_D/I_G。与未掺 N 的 Pt/G 催化剂相比，Pt/N$_{200}$-G

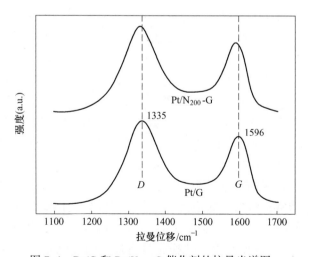

图 7.4　Pt/G 和 Pt/N$_{200}$-G 催化剂的拉曼光谱图

催化剂的 I_D/I_G 比由 1.73 增加到了 1.81，这表明 Pt/N_{200}-G 催化剂中缺陷相对较多，且含有更多的含氧官能团，而这些丰富的含氧官能团将有助于增强载体与催化剂纳米颗粒之间的电荷转移，改善催化剂的催化活性[10,11]。

7.3.5　氮掺杂石墨烯负载铂催化剂的 X 射线光电子能谱（XPS）分析

为了明确各催化剂的表面电子结构与元素价态，对催化剂进行了 XPS 测试。图 7.5（a）~（e）所示为 Pt/G 和 Pt/N_{200}-G 催化剂的典型 XPS 图谱。同时，7 组催化剂中 N 元素含量及各官能团的峰位，归属及组分列于表 7.2。由图 7.5（a）可知，Pt/G 催化剂的 C 1s 图谱可较好的拟合出 5 个峰，于 284.6eV 处的最强峰对应于石墨烯中的 C—C，位于 286.5eV、287.9eV 及 289eV 的峰分别对应于 C—O、C=O、O—C=O。而由图 7.5（b）可知，在 Pt/N_{200}-G 催化剂的 C 1s 图谱中，C—C、C—O、C=O、O—C=O 也能够被较好的拟合出来，于 285.9eV 处增加的峰则对应于 C—N，该结果证实了在 GO 还原的过程中，氮元素成功掺杂进入了石墨烯晶格中[12,13]，由表 7.2 可知，对 Pt/N_x-G（x=25、50、100、150、200、250）样品中所掺杂 N 元素的含量分别为 0.56%、0.73%、0.98%、1.62%、2.27%、3.25%（摩尔分数），同时可知，在 GO 还原为石墨烯后，在其表面还残留着少许含氧官能团。从图 7.5（c）中可知，Pt/G 催化剂中 Pt 4f 的图谱可拟合为两个组分：位于 71.4eV 和 74.6eV 的强峰分别对应于 $Pt^0 4f_{5/2}$ 与 $Pt^0 4f_{7/2}$，而位于 72.8eV 和 76.3eV 处则对应于 Pt^{2+}。同时，由图 7.5（d）可知，在添加了 NMP 的 Pt/N_{200}-G 催化剂中，$Pt^0 4f_{5/2}$ 与 $Pt^0 4f_{7/2}$ 的峰位未发生偏移，说明对石墨烯进行 N 掺杂后并未改变 Pt 的电子状态。由图 7.5（e）可看出，Pt/N_{200}-G 催化剂中 N 1s 图谱可拟合为 3 个组分：位于 398.3eV 处的峰对应于吡啶 N，含量为 34.45%；位于 399.4eV 的峰对应于氨基 N，含量为 48.98%；而位于 401eV 处的峰对应于石墨 N，含量为 16.57%，这说明在所形成的含 N 官能团中，氨基 N 处于主导地位，这是因为氨基 N 在形成的过程中只需要断裂一个 C—O 并形成一个 C—N，而吡啶 N 与石墨 N 在形成的过程中则需要断裂 2~3 个 C—C，因此需要更多的能量。由表 7.2 可知，对于含 N 官能团各组分，随着氮掺杂量的增加，Pt/N_x-G（x=25、50、100、150、200、250）催化剂中吡啶 N 与氨基 N 的总含量随之增多，这是因为在反应温度低于 300℃ 时，吡啶 N 与氨基 N 在含 N 官能团占主导地位[14]。对于 Pt 4f 组分，与未掺氮的 Pt/G 催化剂相比，Pt/N_x-G 催化剂中 Pt 金属态的含量更高，这是由于在氮掺杂石墨烯后所形成的含 N 物种中，氨基 N 与吡啶 N 通常被认为是缺陷活性位点，可以从催化剂溶液中吸引 Pt 纳米粒子，抑制了催化剂团聚，从而提高了 Pt 金属态的含量。当质量比 G:NMP = 1:200 时，Pt 金属态的含量相比其他样品具有最高值。但是，随着 NMP 加入量的继续增加，过量 NMP 所产生的过氧自由基会过多的覆盖石墨烯表面缺陷位点，

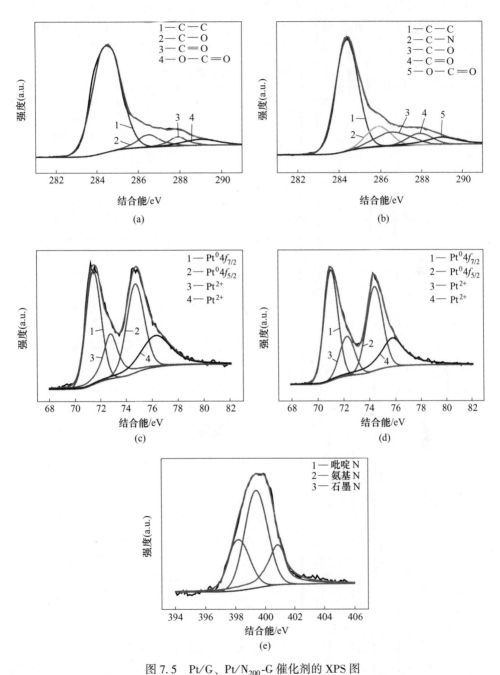

图 7.5　Pt/G、Pt/N$_{200}$-G 催化剂的 XPS 图

（a）Pt/G 分析 C 1s；（b）Pt/N$_{200}$-G 分析 C 1s；（c）Pt/G 分析 Pt 4f；

（d）Pt/N$_{200}$-G 分析 Pt 4f；（e）Pt/N$_{200}$-G 分析 N 1s

使得纳米颗粒形核位点减少，纳米颗粒聚集于剩余的形核位点附近，造成团聚[15]。同时，可以看出，随着氮掺杂量的增加，催化剂中 Pt 金属态的含量逐渐增多，因此，掺杂一定量的氮，可以提高催化剂中 Pt 金属态的含量。

表7.2 7 组催化剂的 XPS 图谱拟合结果

样品	含量（摩尔分数）/%				N 官能团/eV		
	C	N	O	Pt	吡啶 N 相对比例/%	氨基 N 相对比例/%	石墨 N 相对比例/%
Pt/G	83.44	—	14.88	1.67	—	—	—
Pt/N$_{25}$-G	82.98	0.56	15.14	1.32	32.21	36.92	30.87
Pt/N$_{50}$-G	82.71	0.73	15.11	1.45	32.97	40.43	26.60
Pt/N$_{100}$-G	81.01	0.98	16.12	1.89	28.66	46.61	24.73
Pt/N$_{150}$-G	80.58	1.62	15.62	2.18	31.15	45.27	23.58
Pt/N$_{200}$-G	80.23	2.27	15.06	2.44	34.45	48.98	16.57
Pt/N$_{250}$-G	78.83	3.25	15.95	1.97	29.67	56.27	14.06

样品	Pt	
	Pt^0 相对比例/%	Pt^{2+} 相对比例/%
Pt/G	59.77	40.23
Pt/N$_{25}$-G	62.82	37.18
Pt/N$_{50}$-G	65.21	34.79
Pt/N$_{100}$-G	70.50	29.50
Pt/N$_{150}$-G	72.21	27.79
Pt/N$_{200}$-G	73.63	26.37
Pt/N$_{250}$-G	63.54	36.46

7.3.6 氮掺杂石墨烯负载铂催化剂的电化学活性表面积

图 7.6 所示为 8 组催化剂在饱和 N_2 的 0.5mol/L H_2SO_4 溶液中的循环伏安曲线，Pt/C(JM) 为商业催化剂。扫描速度是 50mV/s，电位范围为 $-0.3 \sim 0.6V$ (vs SCE)。由图可以看出 8 组催化剂都在 $-0.3 \sim -0.2V$ (vs SCE) 附近出现 H 的脱附峰。催化剂的电化学活性表面积（ESA）计算见表 7.3，Pt/C(JM) 为商业催化剂。由表可以看出 8 组电催化剂的电化学活性表面积大小排序为 Pt/N_{200}-G>Pt/N_{150}-G>Pt/N_{100}-G>Pt/N_{50}-G>Pt/N_{250}-G>Pt/N_{25}-G>Pt/G>Pt/C(JM)。可知，本章所制备的催化剂的电化学活性表面积皆大于商业 Pt/C(JM) 催化剂。同时，N 掺杂后的 Pt/N_x-G(x=25，50，100，150，200，250) 催化剂的电化学活性表面积均大于未掺杂 N 的 Pt/G 催化剂，这是由于当 N 元素掺杂进入石墨烯晶格后，能够为 Pt 纳米粒子的沉积与形核提供活性位点，抑制了 Pt 纳米颗粒的团聚，提高了其分散度，同时掺入的 N 官能团也能够提高石墨烯载体的导电性，因此催化剂的电化学活性表面积增大。同时可知，Pt/N_{200}-G 催化剂（质量比 G：NMP = 1：200）的电化学活性表面积最大，约为 Pt/G 催化剂的两倍。在相同的 Pt 负载量下，催化剂的不同 ESA 是由于不同的氮掺杂量对 Pt 粒子分散度的影响。当质量比 G：NMP 比例增加至 1：200 时，催化剂中作为 Pt 纳米粒子沉积与形核位点的氨基 N 与吡啶 N 含量适宜，Pt 颗粒分散度最优，尺寸最合适，因此 ESA 增加了。但当质量比 G：NMP 比为 1：250 时，NMP 所产生的过量过氧自由基会过多占据石墨烯表面的活性位点，使 Pt 纳米粒子在沉积与形核过程中聚集长大，ESA 降低。因此，当质量比 G：NMP = 1：200 时，催化剂的电化学活性表面积最大。

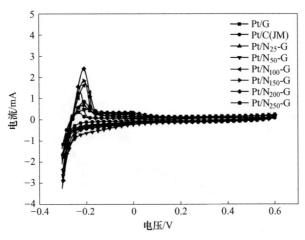

图 7.6 催化剂在饱和 N_2 的 0.5mol/L H_2SO_4 溶液中的循环伏安曲线

表 7.3　催化剂的电化学活性表面积、氧化峰电流密度及稳态电流密度

样品	ESA/$m^2 \cdot g^{-1}$	峰电流密度/$A \cdot g^{-1}$	稳态电流密度*/$A \cdot g^{-1}$
Pt/G	25.2	142.5	43.3
Pt/C(JM)	17.6	77.2	13.8
Pt/N$_{25}$-G	27.69	240.5	45.7
Pt/N$_{50}$-G	29.91	302.3	80.2
Pt/N$_{100}$-G	37.61	343.1	98.8
Pt/N$_{150}$-G	42.07	378.3	105.7
Pt/N$_{200}$-G	56.97	445.1	119.1
Pt/N$_{250}$-G	28.88	283.7	72.1

注：ESA 代表电化学活性表面积；＊表示测试时间为 1000s 时的稳态电流密度。

7.3.7　氮掺杂石墨烯负载铂催化剂的乙醇循环伏安表征

图 7.7 所示为催化剂在 1mol/L CH_3CH_2OH 和 0.5mol/L H_2SO_4 混合溶液中对乙醇电化学氧化的循环伏安曲线，扫描速度为 50mV/s，电位范围为 0～1.2V（*vs* SCE）。8 组催化剂对乙醇氧化的峰电流密度见表 7.3，由表可以看出各催化剂的峰值电流密度大小排序为 Pt/N$_{200}$-G > Pt/N$_{150}$-G > Pt/N$_{100}$-G > Pt/N$_{50}$-G > Pt/N$_{250}$-G > Pt/N$_{25}$-G > Pt/G > Pt/C(JM)。由此可以看出，本章所制备的催化剂的峰电流密度皆高于商业 Pt/C(JM) 催化剂。同时，Pt/N$_x$-RGO（x = 25，50，100，150，200，250）催化剂的峰值电流密度均大于未掺杂 N 的 Pt/G 催化剂，该结果是因为，含 N 官能团的引入提高了 Pt 纳米粒子的分散度，同时也改变了石墨烯基

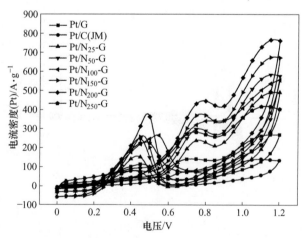

图 7.7　催化剂在 1mol/L CH_3CH_2OH 和 0.5mol/L H_2SO_4 混合溶液中的循环伏安曲线

底的电子结构,改善了其化学反应性和电子传导性,提高了催化剂的电化学活性表面积,因此,催化剂的峰值电流密度增大。同时可以看出,Pt/N_{200}-G 催化剂(质量比 G：NMP = 1：200)的峰值电流密度最大,为 445.1A/g,说明可通过调节氮掺杂量来改变催化剂的催化活性,当质量比 G：NMP = 1：200 时,催化剂中 Pt 纳米粒子的粒径、分散度最适宜,电化学活性表面积最大,因此该催化剂的峰值电流密度最大。

7.3.8 氮掺杂石墨烯负载铂催化剂的计时电流(i-t)曲线表征

为了进一步研究连续工作条件下催化剂的催化活性和耐久性,进行了计时电流法(CA)测试。图 7.8 所示为 8 组催化剂在饱和 N_2 的 1mol/L CH_3CH_2OH 和 0.5mol/L H_2SO_4 混合溶液中的计时电流曲线,测试电位为 0.6V(vs SCE),测试时间为 1100s。由图可知,在 0~100s 的极化时间内,8 组催化剂的电流密度快速下降,这是由于催化剂被乙醇氧化反应中形成的中间物质如 CO_{ads} 等毒化。随着极化时间的增加,Pt 表面吸附的中间物种氧化脱附与吸附过程趋于平衡,电流密度趋于稳定。当反应时间为 1000s 时,8 组催化剂的稳态电流密度如表 7.3 所示。由表可看出稳态电流密度大小顺序为 Pt/N_{200}-G>Pt/N_{150}-G>Pt/N_{100}-G>Pt/N_{50}-G>Pt/N_{250}-G>Pt/N_{25}-G>Pt/G>Pt/C(JM),催化剂的峰值电流密度皆大于 Pt/C(JM)商业催化剂。同时可以看出,Pt/N_{200}-G 催化剂的稳态电流密度最大。这些结果表明,N 掺杂的 Pt/G 催化剂对 EOR 的稳定性增强,可能是由于 N 的掺杂加强了金属-载体相互作用。综合分析,Pt/N_{200}-G 催化剂的稳定性最好,对乙醇的催化氧化性能最佳。与图 7.7 所示的循环伏安分析相吻合。

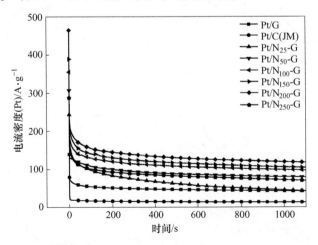

图 7.8 在饱和 N_2 的 1mol/L CH_3CH_2OH 和 0.5mol/L H_2SO_4
混合溶液中催化剂的电流密度-时间(i-t)曲线

7.3.9　氮掺杂石墨烯负载铂催化剂的变温循环伏安曲线分析

为了考察不同工作温度对催化剂催化性能的影响，对 8 组催化剂分别在
25℃、30℃、35℃、40℃、45℃、50℃、55℃、60℃的工作温度下进行循环伏安
测试，电解液为 1mol/L CH_3CH_2OH 和 0.5mol/L H_2SO_4 混合溶液，扫描速度为
50mV/s，电位范围为 0~1.2V(vs SCE)，得到了 8 组催化剂的变温循环伏安曲线
如图 7.9(a)~(g)所示。在循环伏安曲线中，两个正扫方向的氧化峰是由于乙醇
氧化引起的，而图中负扫方向的氧化峰是中间产物的进一步氧化所造成的。由图
可知，从 25~60℃，随着温度的升高，各组催化剂对乙醇氧化的峰值电流密度逐
渐增大，这是由于随着温度升高，乙醇分子运动剧烈程度提高，使催化剂表面吸
附的乙醇分子数量增加，提高了乙醇的氧化速度。同时图中负扫方向的氧化峰值
电流密度随着工作温度的升高也显著增加，这是因为在反应过程中，CO 等中间
产物在较高温度时氧化速度加快，其氧化产生的 CO_2 均以气体形式逸出，反应朝
正向进行，提高了峰值电流密度。根据阿伦尼乌斯方程，由 $\ln i_p$ 和 $1/T$ 作图，拟
合之后可以得到斜率，由 $k = -W/R$ 计算得到乙醇催化氧化的活化能 W，作图如
图 7.9 (i) 所示。拟合之后得到各样品的斜率分别是-6.33、-5.10、-4.77、-4.41、

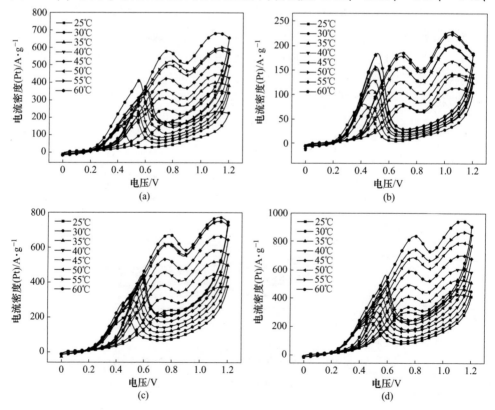

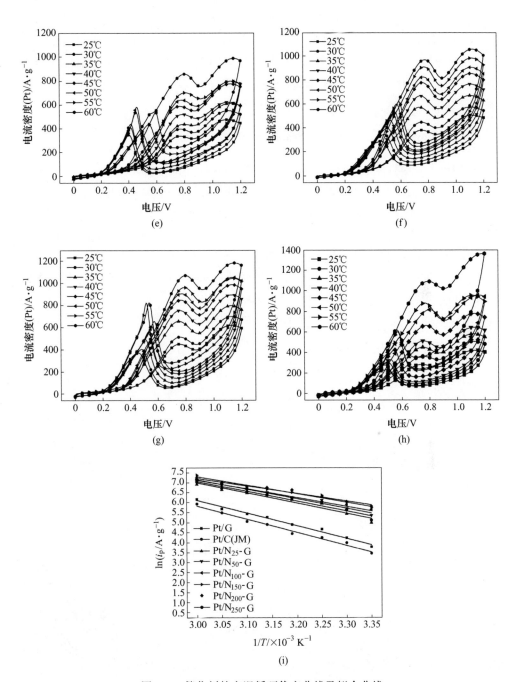

图 7.9 催化剂的变温循环伏安曲线及拟合曲线

（a）Pt/G；（b）Pt/C(JM)；（c）Pt/N$_{25}$-G；（d）Pt/N$_{50}$-G；（e）Pt/N$_{100}$-G；

（f）Pt/N$_{150}$-G；（g）Pt/N$_{200}$-G；（h）Pt/N$_{250}$-G；（i）拟合曲线

-4.29、-3.79、-4.92、-6.57，相应的活化能分别是 52.60kJ/mol、42.42kJ/mol、39.693kJ/mol、36.63kJ/mol、35.71kJ/mol、31.54kJ/mol、40.88kJ/mol、54.63kJ/mol，可知，与 Pt/G 及商业催化剂 Pt/C（JM）相比，N 掺杂后的 Pt/N_x-G（$x=25$，50，100，150，200，250）催化剂的活化能降低，反应更容易发生，且 Pt/N_{200}-G（质量比 G∶NMP=1∶200）的活化能最低。

7.3.10　氮掺杂石墨烯负载铂催化剂的衰竭循环伏安曲线分析

在 1mol/L CH_3CH_2OH 和 0.5mol/L H_2SO_4 混合溶液中扫描 500 圈，采集每循环 100 圈的数据所作的衰竭循环伏安曲线，如图 7.10（a）～（h）所示，以及各催化剂的乙醇氧化峰电流密度随圈数的变化图，如图 7.10（i）所示，研究了 8 组催化剂的稳定性。从图 7.10（i）中可看出，500 圈循环后，8 组催化剂对乙醇氧化峰电流密度的保持率分别为 62.28%、66.84%、69.76%、71.99%、77.89%、82.91%、68.16%、59.39%。可知，N 掺杂后的 Pt/N_x-G（$x=25$，50，100，150，200，250）催化剂的稳定性明显优于 Pt/G 及商业 Pt/C（JM）催化剂，这是由于石墨烯载体表面的含 N 官能团能够对 Pt 纳米粒子起到锚定的作用，抑

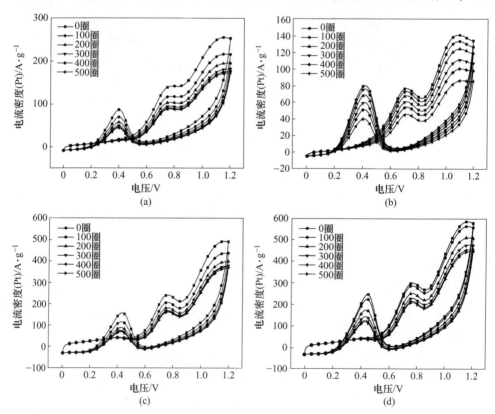

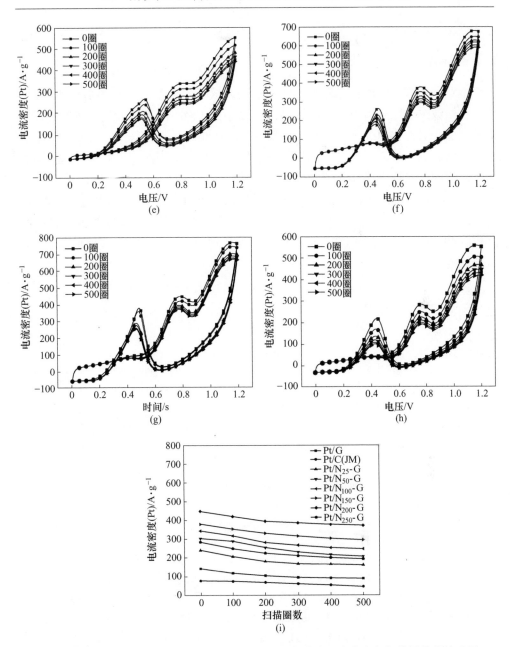

图7.10　催化剂的衰竭循环伏安曲线（a~h）及乙醇氧化峰电流密度与扫描圈数的关系图（i）

(a) Pt/G；(b) Pt/C(JM)；(c) Pt/N$_{25}$-G；(d) Pt/N$_{50}$-G；(e) Pt/N$_{100}$-G；(f) Pt/N$_{150}$-G；

(g) Pt/N$_{200}$-G；(h) Pt/N$_{250}$-G；(i) 电流密度与扫描圈数的关系图

制了 Pt 纳米粒子在多次循环测试中的迁移及聚集长大，提高了催化剂的稳定性。同时可以看到，Pt/N$_{200}$-G 催化剂对乙醇氧化峰电流密度的保持率最高，说明其稳定性最好。

7.4　小结

本章采用微波辅助乙二醇的一锅法成功合成了氮掺杂石墨烯负载的 Pt 催化剂。在微波热还原过程中，分散性高，粒径小的 Pt 纳米颗粒沉积于氮掺杂石墨烯的表面。对催化剂进行表征发现，氮掺杂量对催化剂的形态、结构和电催化活性有较大影响。与未掺 N 的 Pt/G 催化剂及商业催化剂相比，在 N 掺杂石墨烯表面所沉积的 Pt 纳米颗粒显示出更好的分散性，更小的平均粒径，更高的电化学催化活性，更低的反应活化能，更好的耐久性。当质量比 G：NMP = 1：200 时，催化剂的电催化活性最佳，说明对载体石墨烯进行氮掺杂，可有效改善其表面所沉积的 Pt 纳米颗粒的分散性，从而提高了催化剂中 Pt 的利用率，从而可提高催化剂的电催化性能。

参 考 文 献

[1] Dong L F, Gari R R S, Li Z, et al. Graphene-supported platinum andplatinum-ruthenium nanoparticles with high electrocatalytic activity for methanol and ethanoloxidation [J]. Carbon, 2010, 48：781~787.

[2] Nethravathi C, Anumol E A, Rajamathi M, et al. Highly dispersed ultrafine Pt and PtRu nanoparticles on graphene：formation mechanism and electrocatalytic activity [J]. Nanoscale, 2011, 3：569~571.

[3] Shao Y Y, Zhang S, Engelhard M H, et al. Nitrogen-doped graphene and its electrochemical applications [J]. Journal of Materials Chemistry, 2010, 20 (35)：7491~7496.

[4] Li X L, Wang H L, Robinson J T, et al. Simultaneous nitrogen doping and reduction of graphene oxide [J]. Journal of the American Chemical Society, 2009, 131 (43)：15939~15944.

[5] Panchokarla L S, Subrahmanyam K S, Saha S K, et al. Synthesis, structure, and properties of boron-and nitrogen-doped graphene [J]. Advanced Materials, 2009, 21 (46)：4726~4730.

[6] Xu X, Zhou Y K, Lu J M, et al. Single-step synthesis of PtRu/N-doped graphene for methanol electrocatalytic oxidation [J]. Electrochimica Acta, 2014, 120 (1)：439~451.

[7] Yang G H, Li Y J, Rana R K, et al. Pt-Au/nitrogen-doped graphene nanocomposites for enhanced electrochemical activities [J]. Journal of Materials Chemistry A, 2013, 1 (5)：1754~1762.

[8] Wang H, Maiyalagan T, Wang X. Review on recent progress in nitrogen-doped graphene：synthesis, characterization, and its potential applications [J]. ACS Catalysis, 2012, 2 (5)：781~794.

[9] Pham V H, Cuong T V, Hur S H, et al. Chemical functionalization of graphene sheets by solvo-

thermal reduction of a graphene oxide suspension in N-methyl-2-pyrrolidone [J]. Journal of Materials Chemistry, 2011, 21 (10): 3371~3377.

[10] Geng D S, Yang S L, Zhang Y, et al. Nitrogen doping effects on the structure of graphene [J]. Applied Surface Science, 2011, 257 (21): 9193~9198.

[11] Zhou D, Han B H. Graphene-based nanoporous materials assembled by mediation of polyoxo-metalate nanoparticles [J]. Advanced Functional Materials, 2010, 20 (16): 2717~2722.

[12] Xiong B, Zhou Y K, Zhao Y Y, et al. The use of nitrogen-doped graphene supporting Pt nanoparticles as a catalyst for methanol electrocatalytic oxidation [J]. Carbon, 2013, 52 (1): 181~192.

[13] Zhao Y Y, Zhou Y K, Xiong B, et al. Facile single-step preparation of Pt/N-graphene catalysts with improved methanol electrooxidation activity [J]. Journal of Solid State Electrochemistry, 2013, 17 (4): 1089~1098.

[14] Zhang L S, Liang X Q, Song W G, et al. Identification of the nitrogen species on N-doped graphene layers and Pt/NG composite catalyst for direct methanol fuel cell [J]. Physical Chemistry Chemical Physics, 2010, 12 (38): 12055~12059.

[15] Zhou Y K, Timothy H, Joe B, et al. Dopant-induced electronic structure modification of HOPG surfaces: implications for high activity fuel cell catalysts [J]. The Journal of Physical Chemistry C, 2010, 114 (1): 506~515.

8 高密度表面缺陷催化剂材料的制备与电催化性能

8.1 引言

目前，DEFC 的阳极和阴极有效催化剂以 Pt 为主，由于 Pt 资源匮乏、价格高昂，乙醇催化氧化不完全等问题，使其难以走向商业化。因此，研究提高乙醇氧化效率和促进乙醇 C—C 键断裂的电催化剂，是开发高效 DEFC 催化剂的关键突破点。Dong 等人[1]在单壁碳纳米管上合成 Pt-Cr-Co/SWCNT 催化剂，实验研究表明 Pt-Cr-Co/SWCNT 催化剂降低乙醇氧化峰电位，提高其峰值电流密度，从而在一定程度上增强催化剂催化效率。Antoniassi 等人[2]通过醇还原法制备 $PtSnO_2$/C催化剂，与普通 Pt/C 催化剂相比，其电催化性能有一定的提高，但是其氧化产物主要为乙酸，不利于乙醇继续被氧化生成 CO_2。虽然，在 Pt 基催化剂中加入一种或几种过渡金属或者金属氧化物，可以提高催化剂的催化活性，降低催化剂中贵金属 Pt 的担载量，但是其催化活性的提高只能促进乙醇向乙酸的转化，对于 C—C 键的断裂并没有明显的帮助。

最新研究表明，表面缺陷，即原子台阶和低配位数的扭结（CN<8），对简单有机燃料分子的氧化反应，表现出很高的催化活性。郭未宽[3]以炭黑为载体，制备出高密度表面缺陷的 Pt 基催化剂，实验结果表明其产生的 CO_2 比普通商业 Pt/C 催化剂高 2 倍。Mao 等人[4]在纳米尺度上制备出表面缺陷丰富的 Pt-M(M = Cu，Fe，Zn 等）催化剂，由于高度密集的低配位原子（台阶，边缘和扭结的原子）增加了催化剂的活性表面积，从而提高了催化剂的催化效率。Liu 等人[5]以金属为载体，采用热还原法制备了表面氧空位缺陷的 Pt/TiO_2催化剂，研究表明其对 CO_2 的选择性较高，有着优异的催化性能。Huang 等人[6]采用原位表面氧化法，制备出表面富含缺陷的 Pt_2-SnCu-O-A/C 催化剂，由于 Pt 表面缺陷与 SnO_2 的协同作用，使催化剂对乙醇具有优良的催化活性。与普通商业 Pt/C 催化剂相比，经酸处理后的催化剂含有更高密度的表面缺陷，其催化剂颗粒团聚现象较少，粒度分布也更加均匀。由于高密度表面缺陷的 Pt 基催化剂对 CO_2 的选择性更高，有利于促进 C—C 键的裂解，从而可提高 Pt 基催化剂催化氧化活性。因此，通过在 Pt 纳米粒子表面附加缺陷，可合成高活性 Pt 基催化剂，是提高直接乙醇燃料电池效率的有效途径之一。

目前，在 Pt 基催化剂中附加高密度表面缺陷的相关文献报道较少，且其作用机理仍不清晰。因此，本章以石墨烯为载体，采用微波辅助乙二醇法，经硫酸浸泡处理，制备高密度表面缺陷 AC-PtNi/C 催化剂，通过电化学原位光谱（FTIR）探究高密度表面缺陷对乙醇催化氧化过程的影响，明确缺陷在催化反应中的作用机理，旨在研究开发一种低铂、高效的 DEFC 阳极催化剂，对直接乙醇燃料电池的商业化进程有一定的推动作用。

8.2 高密度表面缺陷 PtNi 催化剂的制备工艺

将一定量的石墨烯加入烧杯中，再按一定比例加入 $Ni(NO_3)_2 \cdot 6H_2O$，同时再加入乙二醇，最后向烧杯中滴入一定量的 H_2PtCl_6 溶液，边滴边搅拌使其混合均匀。然后将上述配好的均匀溶液超声，之后再将上述溶液微波加热反应，沸腾3 次后，拿出空冷至室温。将上述得到的溶液利用磁力搅拌器搅拌，过滤，在干燥箱中干燥，取出滤饼研磨。最后，将一定量的 H_2SO_4 溶液与上述研磨后的粉末混合，并将混合物密封放置 2 天，过滤，干燥箱中干燥，制得催化剂为 AC-PtNi/C。本章表征的两组催化剂见表 8.1。

表 8.1 不同条件的两组催化剂

序号	样 品	有无硫酸处理
1	Pt_5Ni_1/C	无
2	$AC-Pt_5Ni_1/C$	有

8.3 高密度表面缺陷 PtNi 催化剂微观结构及性能

8.3.1 高密度表面缺陷 PtNi 催化剂的 XRD 分析

图 8.1 所示为 Pt_5Ni_1/C、$AC-Pt_5Ni_1/C$ 和 Pt/C 三组催化剂的 XRD 图，与标准 PDF 卡片对比，三组催化剂 XRD 图的典型特征峰值的数目与最高峰值所处角度与标准卡片基本一致。其中 2θ 为 24.8° 的衍射峰对应为石墨烯的（002）晶面。对照 Pt 的标准 PDF 卡片可知，金属 Pt 有（111）、（200）、（220）三个晶面，分别对应的 2θ 值为 40.1°、46.5°、68.7°。从图 8.1 中没有观察到 Ni 的纯金属或者氧化物的峰，说明 Pt、Ni 形成了 PtNi 单相合金。而在 Pt_5Ni_1/C 和催化剂中，PtNi 的特征衍射峰角度向右偏移，这是由于 Pt 和 Ni 形成合金后，由于晶格收缩使 PtNi 衍射峰角度增大[7]。而高密度表面缺陷 $AC-Pt_5Ni_1/C$ 催化剂的角度偏移不明显，这是由于酸处理后，Ni 原子会部分溶解于硫酸中，在重建 Pt 原子表面时，PtNi 合金表面发生应变生成新的 Pt 表面皮肤，从而使催化剂的表面

结构发生变化[8]。另外，由图 8.1 可知，高密度表面缺陷 AC-Pt$_5$Ni$_1$/C 催化剂中 Pt 的衍射峰有明显宽化，说明高密度表面缺陷的 Pt 纳米粒子尺寸更小，且分散得更加均匀。

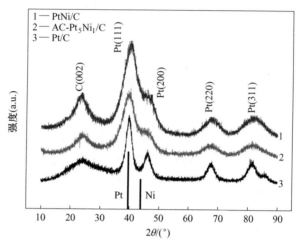

图 8.1　三组催化剂的 XRD 图

8.3.2　高密度表面缺陷 PtNi 催化剂表面电子状态

图 8.2 所示为两组催化剂中 Pt 4f 的 XPS 图谱。从图中可以看出，两组催化剂 Pt 4$f_{7/2}$ 金属态的结合能分别是 70.93eV 与 70.84eV，接近 Pt 4$f_{7/2}$ 金属态的结合能理论值 71.2eV[9]。图中 Pt/C 催化剂金属态 Pt 4$f_{7/2}$ 峰和 Pt 4$f_{5/2}$ 峰的结合能为 70.93eV 与 73.72eV，高密度表面缺陷 AC-Pt$_5$Ni$_1$/C 催化剂的金属态 Pt 4$f_{7/2}$ 峰

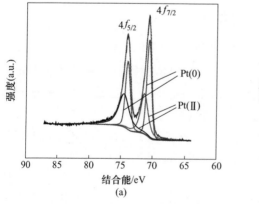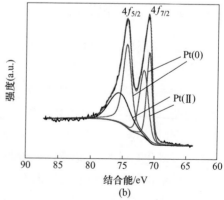

图 8.2　Pt/C 催化剂和 AC-Pt$_5$Ni$_1$/C 催化剂中 Pt 4f 的 XPS 图谱

(a) Pt/C；(b) AC-Pt$_5$Ni$_1$/C

和 Pt $4f_{5/2}$ 峰分别为 70.74eV 与 73.28eV，明显可以看出 AC-Pt$_5$Ni$_1$/C 催化剂 Pt $4f_{7/2}$ 金属态的结合能发生了负移，表明 Pt 表面电子结构发生了改变，Ni 的 $3d$ 轨道电子部分传递给了 Pt，使 Pt 原子表面的电子密度明显增加，从而减弱了 Pt 与有毒中间体之间的结合强度，促进了乙醇的催化氧化[10]。通过积分面积与 XPS 灵敏度因子计算结果见表 8.2，由表可以看出，两组催化剂中 Pt 主要以金属态形式存在，但是经硫酸浸泡处理后的高密度表面缺陷 AC-Pt$_5$Ni$_1$/C 催化剂，其 Pt 金属态含量明显高于 Pt/C 催化剂。

表 8.2　两组催化剂的 XPS 图谱分析数据

样品	Pt(0)/eV	相对比例/%	Pt(Ⅱ)/eV	相对比例/%
1 号	70.93，73.72	59.80	71.32，74.53	40.19
2 号	70.74，73.28	71.69	71.69，75.36	28.31

8.3.3　高密度表面缺陷 PtNi 催化剂的 TEM 及粒径分布

图 8.3 所示为两组催化剂的透射电镜及粒径分布图，由图 8.3（a）、（b）透射电镜图可知，两组催化剂分散都比较良好，但是由粒径分布图 8.3（e）和（f）可知，可以得到高密度表面缺陷 AC-Pt$_5$Ni$_1$/C 催化剂的平均粒径为 2.85nm，明显小于 Pt$_5$Ni$_1$/C 催化剂的 5.87nm，所以高密度表面缺陷 AC-Pt$_5$Ni$_1$/C 催化剂的粒径更小，分散更加均匀。由高分辨透射电子显微镜（HRTEM）图像（见图 8.3（c）和（d））可知，高密度表面缺陷 AC-Pt$_5$Ni$_1$/C 催化剂与 Pt$_5$Ni$_1$/C 催化剂的晶面间距分别为 0.220nm 和 0.221nm，这些数值与 PtNi 合金（111）面的晶面间距标准值也是基本吻合的。

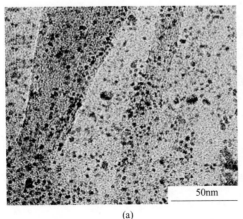
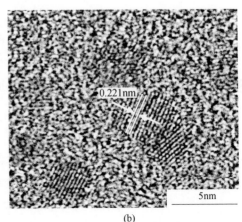

(a)　　　　　　　　　　　　　　　　　　(b)

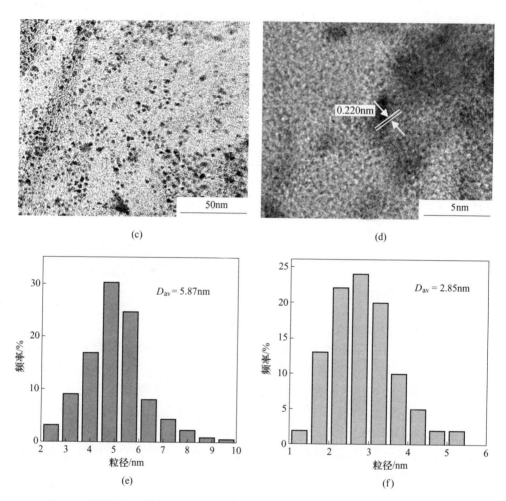

图 8.3　不同催化剂的 TEM 图（a，c）、HRTEM 图（b，d）、粒径分布图（e，f）
(a)，(b)，(e) Pt_5Ni_1/C；(c)，(d)，(f) $AC-Pt_5Ni_1/C$

8.3.4　高密度表面缺陷 PtNi 催化剂的扫描电镜分析

图 8.4 所示为高密度表面缺陷 $AC-Pt_5Ni_1/C$ 催化剂的 SEM 图及面扫、点扫分析，对图 8.4（a）进行面扫分析（见图 8.4（b）～（d）），可知，C、Ni 和 Pt 分布均匀，Pt、Ni 纳米粒子均匀地分布在石墨烯表面。为了进一步证明 Pt、Ni 的分布情况，对图 8.4（a）做了点扫分析（见图 8.4（e）、（f）），可以看出，Ni 元素含量较少，分别占 0.69% 和 0.84%，这可能是因为 Ni 粒子被 Pt 粒子包覆起来，形成了核壳结构。

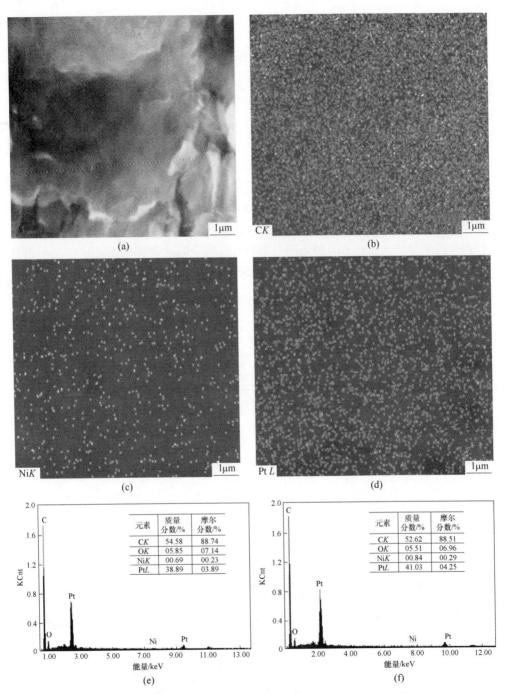

图 8.4 催化剂的 SEM 图 (a) 和面扫分析结果 (b~d) 及
图 (a) 的 EDS 分析结果 (e, f)

8.3.5 高密度表面缺陷 PtNi 催化剂的电化学活性表面积

图 8.5 所示为催化剂在 0.5mol/L H_2SO_4 中的循环伏安曲线，在 -0.30 ~ -0.20V 之间出现了 H 的吸附脱附峰。扣除双层电容的影响，经过积分计算得到催化剂的电化学活性表面积（ESA）：商业 Pt/C 催化剂（JM）7.67m^2/g；Pt_5Ni_1/C 66.89m^2/g；AC-Pt_5Ni_1/C 76.63m^2/g。可知，高密度表面缺陷的 AC-Pt_5Ni_1/C催化剂的活性表面积较大，这可能是因为高密度表面缺陷 AC-Pt_5Ni_1/C 催化剂具有核壳结构，其富 Pt 表面含有大量活性位点，增大催化剂活性表面积，从而提高催化剂催化活性。高密度的台阶原子及扭结位原子，这些原子的配位数（CN = 6，7）较少，化学活性高，很容易与反应物分子相互作用，打断化学键，成为催化活性中心[11]。Pt 单晶表面上的 CO_2 还原动力学表明[12]，具有扭结、平台和台阶结构的晶面对 CO_2 的还原与不具有这些缺陷的阶梯晶面相比，显示出更高的反应活性，并且 CO_2 还原的速率随着缺陷原子密度的增加而增大。

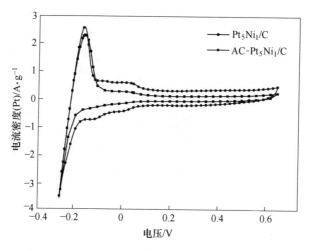

图 8.5　两组催化剂在 0.5mol/L H_2SO_4 溶液中的 H 吸附脱附曲线

8.3.6 高密度表面缺陷 PtNi 催化剂的循环伏安分析

图 8.6 所示为催化剂在 1mol/L CH_3CH_2OH 和 0.5mol/L 的 H_2SO_4 混合溶液中的循环伏安曲线，扫描速度为 50mV/s，电位范围为 0~1.2V。从图中可以看出，催化剂都在正扫时产生了两个氧化峰，而在负扫时产生了一个氧化峰[13]。

由于正扫第一个峰对应于乙醇完全氧化生成 CO_2 的过程，且氧化峰电流密度一般作为评估乙醇电化学氧化的指标[14]，所以选择使用正扫第一个峰的电流密度来评估催化剂的催化性能，催化剂对乙醇氧化的峰电流密度（Pt）值分别为：

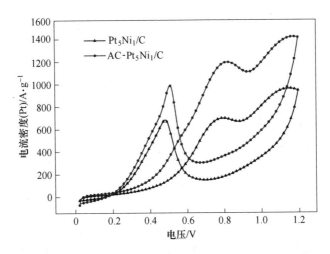

图 8.6　两组催化剂在 1mol/L CH_3CH_2OH 和 0.5mol/L H_2SO_4 混合溶液中的循环伏安曲线

Pt/C（JM）77.17A/g；Pt_5Ni_1/C 650.33A/g；AC-Pt_5Ni_1/C 1218.83A/g。可知，高密度表面缺陷 AC-Pt_5Ni_1/C 催化剂的峰电流密度值是 Pt_5Ni_1/C 催化剂的 2 倍，结果清楚地表明，表面缺陷和较大的 ESA 赋予高密度表面缺陷 AC-Pt_5Ni_1/C 催化剂具有更加优异的电催化性能[15]，原因是原子表面上存在的台阶状缺陷具有大量悬空键，并且这些悬空键可以与乙醇发生强烈的相互作用，从而弱化 C—C 键，使其更容易断裂[16]。并且高密度表面缺陷可以促进乙醇氧化生成乙醛，而乙醛中的 C—C 键更容易被破坏，最终生成更多的 CO_2[17]。由此推测，高密度表面缺陷可以促进 C—C 键的断裂，加速乙醇的催化氧化，从而改善催化剂的催化性能。

8.3.7　高密度表面缺陷 PtNi 催化剂的计时电流曲线分析

图 8.7 表示的是催化剂在 1mol/L CH_3CH_2OH 和 0.5mol/L H_2SO_4 混合溶液中的 i-t 曲线，测试初始电位是 0.05V，测试电位为 0.6V，测试时间为 1100s。由图 8.7 可知，在催化氧化反应过程中，由于类 CO 物种的生成和积累，对催化剂产生了毒化作用，计时电流衰减速度较快，但是，200s 之后的电流密度开始逐渐平缓，最终稳定在 1100s 附近，所以该时间条件下的电流密度值的大小可以作为判断催化剂稳定性及抗中毒能力的标准。催化剂的稳态电流密度（Pt）值分别为：Pt/C（JM）13.67A/g；Pt_5Ni_1/C 253.67A/g；AC-Pt_5Ni_1/C 358.77A/g。由图可知，高密度表面缺陷 AC-Pt_5Ni_1/C 催化剂（摩尔比 Pt∶Ni＝5∶1）的稳定性和抗中毒能力最佳，对乙醇的催化氧化效率最高，与图 8.6 所示的循环伏安曲线分析结果相吻合。

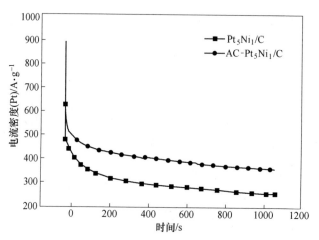

图 8.7　两组催化剂在 1mol/L CH_3CH_2OH 和 0.5mol/L H_2SO_4 混合溶液中的 i-t 曲线

8.3.8　高密度表面缺陷 PtNi 催化剂的变温循环伏安曲线分析

在 25～60℃范围内对催化剂进行循环伏安测试，电解液为 1mol/L CH_3CH_2OH 和 0.5mol/L H_2SO_4 混合溶液，扫描速度为 50mV/s，电位范围为 0～1.2V，得到了催化剂的变温循环伏安曲线如图 8.8 所示。根据阿伦尼乌斯方程，由图 8.8 可知，随温度的升高，催化剂正扫第一个峰的峰值电流密度逐渐增大。这是由于随着温度在一定范围内升高，催化剂对乙醇催化氧化反应速率提高，反应产物如 CO 或 CO_2 均以气体形式逸出，反应朝正向进行，提高了峰值电流密度。

$$C_2H_5OH + 3H_2O \longrightarrow 2CO_2 + 12H^+ + 12e \qquad (8.1)$$

根据 $\ln i_p$ 和 $1/T$ 作图，拟合之后可以得到斜率，由 $k=-W/R$ 计算得到乙醇催化氧化的活化能 W，如图 8.8（d）所示。拟合之后得到各样品的斜率分别是 -6.57、-3.14 和 -2.85，相应的活化能分别是 54.63kJ/mol、31.25kJ/mol 和 23.34kJ/mol，其中 Pt_5Ni_1/C 催化剂与高密度表面缺陷 AC-Pt_5Ni_1/C 催化剂的活化能低于文献报道的 Pt/C 催化剂的 33kJ/mol[18]。同时与商业 Pt/C 催化剂相比，高密度表面缺陷 AC-Pt_5Ni_1/C 催化剂的活化能明显降低，反应更容易发生，这与上述电化学测试的结论一致。

8.3.9　高密度表面缺陷 PtNi 催化剂的原位红外光谱曲线分析

由于 C—C 键在乙醛中易于破裂，可以通过增加缺陷的数量，使催化剂表面吸附的 CO 更多的被氧化为 CO_2，从而促进乙醇向乙醛的氧化[19]。AC-Pt_5Ni_1/C 具有高密度表面缺陷，例如原子台阶，因此，在乙醇催化氧化过程中，高密度表面缺陷 AC-Pt_5Ni_1/C 催化剂可促进 C—C 键裂解并产生更多的 CO_2。为了验证该

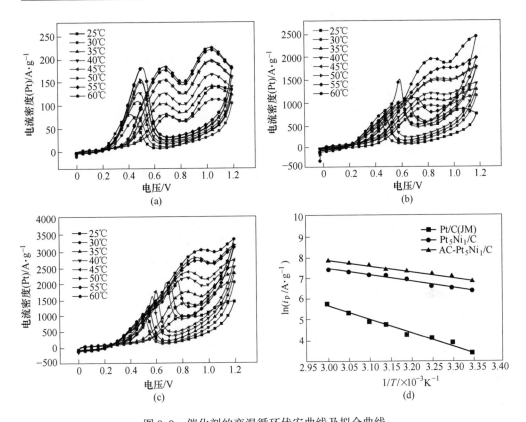

图 8.8　催化剂的变温循环伏安曲线及拟合曲线

（a）商业 Pt/C 催化剂；（b）Pt_5Ni_1/C 催化剂；（c）AC-Pt_5Ni_1/C 催化剂；（d）3 组催化剂的拟合曲线

性质的存在，进行了原位红外光谱（FTIR）研究。图 8.9 所示为在 0.50V 的条件下，高密度表面缺陷 AC-Pt_5Ni_1/C 催化剂和 Pt/C 催化剂上乙醇氧化的原位 FTIR 光谱图，在 $1050cm^{-1}$ 处的峰为 CH_3CH_2OH 的 C—O 键的伸缩振动特征峰，该峰方向朝上对应于乙醇的消耗[20]；图中在 $2343cm^{-1}$ 处的负向峰归属于乙醇完全氧化成 CO_2 的非对称伸缩振动，该峰的强度体现了乙醇经过 12 电子转移生成 CO_2 的能力[21]；在 $2050cm^{-1}$ 处为乙醇解离吸附生成的线性吸附态的 CO 的双极峰；在 $1720cm^{-1}$ 处的负向峰归属于乙醛和乙酸中羰基 C ═O 的伸缩振动；在 $1387cm^{-1}$ 和 $1370cm^{-1}$ 的两个负向峰分别归属于乙酸和乙醛中甲基（—CH_3）的变形振动，$1280cm^{-1}$ 处对应于 CH_3COOH 的中 C—O 键的伸缩振动[22]。研究人员通常将 2343nm 和 $1280cm^{-1}$ 处的峰用于 CO_2 和 CH_3COOH 的定量分析[23,24]。对于高密度表面缺陷 AC-Pt_5Ni_1/C 催化剂其在 2373nm 和 $1640cm^{-1}$ 处的 CO_2 和 CH_3COOH 的积分带强度分别为 0.0051 和 0.0052，Pt/C 催化剂的积分带强度为 0.0023 与 0.0064，AC-Pt_5Ni_1/C 催化剂上 CO_2 和 CH_3COOH 的带强比为 Pt/C 催化剂的 2.73 倍。由原位红外光谱的结果清楚地表明，高密度表面缺陷 AC-Pt$_5$Ni$_1$/C催化剂确实表现出更高的乙醇催化氧化活性，可以促进乙醇中的 C—C 键的断裂，并且与 Pt/C 相比，其对 CO$_2$ 的完全氧化也具有更高的选择性。

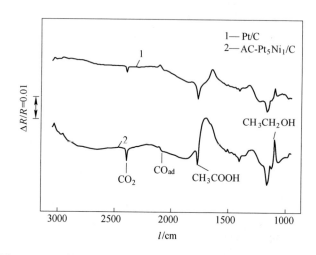

图 8.9　两组催化剂在 1mol/L CH$_3$CH$_2$OH 和 0.5mol/L H$_2$SO$_4$
混合溶液中的原位红外光谱曲线

8.4　小结

（1）采用微波辅助乙二醇法，经酸处理后，制备的 AC-Pt$_5$Ni$_1$/C 催化剂，具有高密度表面缺陷，通过微观表征说明，AC-Pt$_5$Ni$_1$/C 催化剂具有核壳结构，其富 Pt 表面含有大量活性位点，有利于乙醇的催化氧化。

（2）两组催化剂的 H 吸附脱附曲线，循环伏安曲线和计时电流曲线电化学实验表明，具有高密度表面缺陷的 AC-Pt$_5$Ni$_1$/C 催化剂的电化学活性表面积、峰电流密度、稳定性均优于无缺陷催化剂，其电化学活性表面积为 76.63m^2/g，峰电流密度（Pt）值为 1218.83A/g，稳态电流密度（Pt）值为 358.77A/g，说明高密度表面缺陷可以促进 C—C 键的断裂，从而提高催化剂的催化效率。

（3）原位红外光谱（FTIR）表明，AC-Pt$_5$Ni$_1$/C 催化剂其在 2373nm 和 1640cm^{-1} 处的 CO$_2$ 和 CH$_3$COOH 的积分带强度分别为 0.0051 和 0.0052，Pt/C 催化剂的相应值为 0.0023 与 0.0064，高密度表面缺陷 AC-Pt$_5$Ni$_1$/C 催化剂上 CO$_2$ 和 CH$_3$COOH 的带强比为 Pt/C 催化剂的 2.73 倍，说明高密度表面缺陷 AC-Pt$_5$Ni$_1$/C催化剂可以促进乙醇中的 C—C 键的断裂，并且与 Pt/C 相比，其对 CO$_2$ 的完全氧化也具有更高的选择性。

参 考 文 献

[1] Dong H Z, Dong L F. Electrocatalytic activity of carbon nanotube-supported Pt-Cr-Co tri-metallic nanoparticles for methanol and ethanol oxidations [J]. Journal of Inorganic & Organometallic Polymers & Materials, 2011, 21 (4): 754~757.

[2] Antoniassi R M, Neto A O, Linardi M, et al. The effect of acetaldehyde and acetic acid on the direct ethanol fuel cell performance using $PtSnO_2/C$ electrocatalysts [J]. International Journal of Hydrogen Energy, 2013, 38 (27): 12069~12077.

[3] 郭未宽. 炭黑及碳纳米管担载型 Pt 催化剂的制备与电催化性能研究 [D]. 济南: 山东大学, 2009.

[4] Mao J, Chen Y, Pei J, et al. Pt-M (M = Cu, Fe, Zn, etc.) bimetallic nanomaterials with abundant surface defects and robust catalytic properties [J]. Chemical Communications, 2016, 52 (35): 5985~5988.

[5] 刘敬华, 丁彤, 田野, 等. 钾促进的 Pt/TiO_2 催化一氧化碳氧化 [J]. 高等学校化学学报, 2018 (7): 1467~1474.

[6] Huang M, Wu W, Wu C, et al. Pt_2SnCu nanoalloy with surface enrichment of Pt defects and SnO_2 for highly efficient electrooxidation of ethanol [J]. Journal of Materials Chemistry A, 2015, 3 (9): 4777~4781.

[7] Toda T, Igarashi H, Watanabe M. Enhancement of the electrocatalytic O_2 reduction on Pt-Fe alloys [J]. Journal of Electroanalytical Chemistry, 1999, 460 (1~2): 258~262.

[8] Park K W, Choi J H, Kwon B K, et al. Chemical and electronic effects of Ni in Pt/Ni and Pt/Ru/Ni alloy nanoparticles in methanol electrooxidation [J]. Journal of Physical Chemistry B, 2002, 106 (8): 1869~1877.

[9] Wang G J, Gao Y Z, Wang Z B, et al. Investigation of PtNi/C anode electrocatalysts for direct borohydride fuel cell [J]. Journal of Power Sources, 2010, 195 (1): 185~189.

[10] 李挺, 翟东, 许文杰, 等. 氧原子在 Pt/Ni (111) 合金表面扩散和次表面渗透的密度泛函理论研究 [J]. 化工新型材料, 2013 (4): 120~122.

[11] Sun S G, Chen A C, Huang T S, et al. Electrocatalytic properties of Pt (111), Pt (332), Pt (331) and Pt (110) single crystal electrodes towards ethylene glycol oxidation in sulphuric acid solutions [J]. Journal of Electroanalytical Chemistry, 1992, 340 (1~2): 213~226.

[12] Spencer N D, Schoonmaker R C, Somorjai G A. Structure sensitivity in the iron single-crystal catalysed synthesis of ammonia [J]. Nature, 1981, 294 (5842): 643~644.

[13] 王旭红, 纪网金, 阮世栋, 等. Pt 基直接乙醇燃料电池阳极催化剂的性能研究 [J]. 硅酸盐通报, 2015, 34 (10): 2786~2791.

[14] Huang M, Jiang Y Y, Jin C H, et al. Pt-Cu alloy with high density of surface Pt defects for efficient catalysis of breaking C—C bond in ethanol [J]. Electrochimica Acta, 2014, 125 (125): 29~37.

[15] Beyhan S, Coutanceau C, Léger J M, et al. Promising anode candidates for direct ethanol fuel

cell: Carbon supported PtSn-based trimetallic catalysts prepared by Bönnemann method [J]. International Journal of Hydrogen Energy, 2013, 38 (16): 6830~6841.

[16] Huang X, Zhao Z, Fan J, et al. Amine-assisted synthesis of concave polyhedral platinum nano-crystals having {411} high-index facets [J]. Journal of the American Chemical Society, 2011, 133 (13): 4718~4721.

[17] Lai S C S, Kleyn S E F, Rosca V, et al. Mechanism of the dissociation and electrooxidation of ethanol and acetaldehyde on platinum as studied by SERS [J]. Journal of Physical Chemistry C, 2008, 112 (48): 19080~19087.

[18] Méli G, Léger J M, Lamy C, et al. Direct electrooxidation of methanol on highly dispersed platinum-based catalyst electrodes: temperature effect [J]. Journal of Applied Electrochemistry, 1993, 23 (3): 197~202.

[19] Lai S C S, Koper M T M. Electro-oxidation of ethanol and acetaldehyde on platinum single-crystal electrodes [J]. Faraday Discussions, 2008, 140 (1): 399~416.

[20] Deng Y J, Tian N, Zhou Z Y, et al. Alloy tetrahexahedral Pd-Pt catalysts: enhancing significantly the catalytic activity by synergy effect of high-index facets and electronic structure [D]. 2012.

[21] Leung L W H, Weaver, Michael J. Real-time FTIR spectroscopy as a quantitative kinetic probe of competing electrooxidation pathways of small organic molecules [J]. Journal of Physical Chemistry, 2002, 92 (14): 4019~4022.

[22] Vigier F, Coutanceau C, Hahn F, et al. On the mechanism of ethanol electro-oxidation on Pt and PtSn catalysts: electrochemical and in situ IR reflectance spectroscopy studies [J]. Journal of Electroanalytical Chemistry, 2004, 563 (1): 81~89.

[23] Nielsen K F, Månsson M, Rank C, et al. Dereplication of microbial natural products by LC-DAD-TOFMS [J]. Journal of Natural Products, 2011, 74 (11): 2338~2348.

[24] Del Colle V, Berná A, Tremiliosi-Filho G, et al. Ethanol electrooxidation onto stepped surfaces modified by Ru deposition: electrochemical and spectroscopic studies [J]. Physical Chemistry Chemical Physics Pccp, 2008, 10 (25): 3766~3773.